教育部高等学校材料类专业教学指导委员会规划教材

电子陶瓷简明教程

侯育冬　主编
郑木鹏　朱满康　副主编

A BRIEF TUTORIAL
ON ELECTRONIC
CERAMICS

化学工业出版社
·北京·

内 容 简 介

电子陶瓷是电子信息技术领域的重要基础材料。《电子陶瓷简明教程》从材料、性能、应用的角度出发，在介绍电子陶瓷基本概念和原理的基础上，着重介绍以介电陶瓷和压电陶瓷为代表的电子陶瓷的结构、制备及在相关电子元器件中的应用。全书包括第 1 章引言、第 2 章电子陶瓷结构基础、第 3 章电子陶瓷工艺原理、第 4 章介电陶瓷材料、第 5 章压电陶瓷材料。通过对本书的学习，学生可掌握常用电子陶瓷的化学组成、制备工艺、组织结构和电学性能之间的关系，为今后从事先进电子陶瓷与元器件的研发、生产和应用打下基础。

《电子陶瓷简明教程》可作为高等院校材料科学与工程、无机非金属材料工程电子材料与元器件、纳米材料与技术等专业的教材，也可供从事电子信息材料、功能陶瓷、电子元器件研究的科研工作者参考。

图书在版编目（CIP）数据

电子陶瓷简明教程/侯育冬主编. —北京：化学工业出版社，2022.1（2022.9重印）
ISBN 978-7-122-40312-4

Ⅰ.①电… Ⅱ.①侯… Ⅲ.①电子陶瓷-高等学校-教材 Ⅳ.①TM28

中国版本图书馆 CIP 数据核字（2021）第 231795 号

责任编辑：陶艳玲　　　　　　　　　　　　文字编辑：赵　越
责任校对：宋　夏　　　　　　　　　　　　装帧设计：史利平

出版发行：化学工业出版社（北京市东城区青年湖南街 13 号　邮政编码 100011）
印　　装：北京建宏印刷有限公司
787mm×1092mm　1/16　印张 10　字数 237 千字　2022 年 9 月北京第 1 版第 2 次印刷

购书咨询：010-64518888　　　　　　　　　售后服务：010-64518899
网　　址：http://www.cip.com.cn
凡购买本书，如有缺损质量问题，本社销售中心负责调换。

定　价：39.00 元　　　　　　　　　　　　　　　　　　　版权所有　违者必究

前言

电子陶瓷材料是应用于电子信息技术中的功能陶瓷，是构建量大面广的电子陶瓷元器件的基础材料，是无源电子元器件的材料基础，主要包括介电、铁电、压电、半导体、超导和磁性陶瓷等类型。作为重要的交叉学科，电子陶瓷材料在当前的材料科学和电子信息工程等领域中占有极为重要的地位，利用其构建的电子陶瓷元器件在信息通讯、自动控制、航空航天、海洋超声、激光技术、精密仪器、机械工业、军事武器和生物医疗等诸多领域获得重要应用。由于电子陶瓷作为核心材料在电子信息产品中的重要性，世界各国电子元器件制造企业均在电子陶瓷及其元器件的新产品、新技术、新工艺、新材料、新设备方面投入大量人力物力进行研究开发，使得电子陶瓷发展成为一个创新活跃、竞争激烈的高科技领域，每年都有大量新型电子陶瓷材料及元器件问世。物理、化学、冶金、机械、生物、电子等传统学科的快速发展为电子陶瓷学科提供了丰富的"营养"，并推动各类新型电子陶瓷设计制备与元器件应用。全球电子陶瓷规模逐年快速增长，在当前整个先进陶瓷工业中，电子陶瓷市场份额已超过 80%。我国是电子陶瓷材料的生产大国和主要需求国，但在高端材料和元器件方面的国际竞争力仍然不足，作为支撑信息技术产业发展的基石，电子元器件是保障产业链和供应链安全稳定的关键。当前，国家出台《基础电子元器件产业发展行动计划（2021—2023 年）》，我国正在全力推进产学研用协同创新，加快电子元器件及配套材料和设备仪器等基础电子产业的发展步伐。本书以培养新时代高素质的工科电子陶瓷专业人才为目标，针对电子陶瓷领域的国际发展动态与产业前沿，在广泛参考国内外教科书和学术成果的基础上，结合作者的科研与教学经验积累编写而成。本教材是在作者教案基础上反复修订而成，主要特色是注重理论与应用结合，从电子陶瓷的材料类型、合成方法、器件服役的关联性角度等出发，着重介绍电子陶瓷工艺原理及电子陶瓷基本物理性质，特别是介电性、铁电性、压电性等学科知识，同时，以具有代表性的工业案例为基础，分析不同电子陶瓷在先进电子元器件中的应用。

本书按照工科 32 学时专业课教学要求编写，力求做到内容凝练，概念清晰，重点突出。全书包括以下内容：第 1 章引言，第 2 章电子陶瓷结构基础，第 3 章电子陶瓷工艺原理，第 4 章介电陶瓷材料，第 5 章压电陶瓷材料。通过对本书的学习，学生可掌握常用电子陶瓷的化学组成、制备工艺、组织结构和电学性能之间的关系。为今后从事先进电子陶瓷与元器件的研发、生产和应用打下基础。本书可作为高等院校材料科学与工程、电子材料与元器件、纳米材料与技术等专业的教材，也可供从事电子信息材料、功能陶瓷、电子元器件研究的科研工作者参考。

　　本书第 1 章、第 3 章、第 4 章由侯育冬撰写，第 2 章由侯育冬和郑木鹏撰写，第 5 章由侯育冬、朱满康和郑木鹏撰写，最后由侯育冬统稿。书中部分插图由晏晓东博士和于肖乐博士绘制。本书在撰写过程中得到教育部高等学校材料类专业教学指导委员会的帮助和指导，在此致以诚挚谢意。

　　电子陶瓷材料学科交叉性强，知识涉及面广，限于编者水平和时间所限，书中的疏漏与不妥之处在所难免，恳请读者批评指正。

编者

2021 年 10 月

目 录

第1章 引言

1.1 从传统陶瓷到先进陶瓷 / 1
1.2 电子陶瓷的分类及应用 / 3
1.3 电子陶瓷发展趋势与动态 / 5
习题 / 8
参考文献 / 8

第2章 电子陶瓷结构基础

2.1 电子陶瓷中的化学键 / 10
2.2 电子陶瓷的晶体结构 / 11
  2.2.1 配位数与密堆积 / 11
  2.2.2 简单化合物晶体结构 / 13
  2.2.3 钙钛矿氧化物晶体结构 / 14
  2.2.4 铋层状氧化物晶体结构 / 15
  2.2.5 钨青铜氧化物晶体结构 / 16
2.3 多晶与多相组织特征 / 17
  2.3.1 电子陶瓷的固溶结构 / 17
  2.3.2 电子陶瓷的显微组织 / 19
习题 / 22
参考文献 / 22

第3章 电子陶瓷工艺原理

3.1 电子陶瓷工艺概述 / 24

3.2 电子陶瓷原料处理 / 25
　　3.2.1 电子陶瓷原料类型 / 25
　　3.2.2 电子陶瓷原料粉碎 / 26
3.3 电子瓷料合成工艺 / 29
　　3.3.1 常规合成方法 / 29
　　3.3.2 化学合成方法 / 30
3.4 电子陶瓷成型工艺 / 36
　　3.4.1 粉体塑化造粒 / 36
　　3.4.2 粉压成型技术 / 38
　　3.4.3 塑法成型技术 / 40
　　3.4.4 流延成型技术 / 41
　　3.4.5 坯体排胶处理 / 41
3.5 电子陶瓷烧结工艺 / 42
　　3.5.1 陶瓷烧结热力学原理 / 42
　　3.5.2 陶瓷烧结传质机构 / 42
　　3.5.3 致密烧结与排气过程 / 44
　　3.5.4 陶瓷烧结制度的制订 / 47
　　3.5.5 电子陶瓷烧结技术 / 50
3.6 电子陶瓷表面金属化 / 57
　　3.6.1 电子陶瓷表面加工 / 57
　　3.6.2 电子陶瓷电极制作 / 58
习题 / 59
参考文献 / 60

第4章 介电陶瓷材料

4.1 高介电容器瓷 / 62
　　4.1.1 极化与介电性能 / 62
　　4.1.2 电容器用介电陶瓷性能 / 67
　　4.1.3 高介电容器瓷分类及瓷料 / 70
4.2 微波介质陶瓷 / 74
　　4.2.1 微波介质陶瓷基本特征 / 74
　　4.2.2 微波介质陶瓷性能测试 / 77
　　4.2.3 微波介质陶瓷应用及体系 / 78
4.3 强介铁电陶瓷 / 79
　　4.3.1 铁电陶瓷与自发极化 / 79
　　4.3.2 居里温度与电畴结构 / 82

4.3.3 钛酸钡电容器瓷改性 / 87

4.4 弛豫铁电陶瓷 / 91
    4.4.1 弛豫铁电体及其特性 / 91
    4.4.2 铅基弛豫铁电体合成 / 93
    4.4.3 电容器用弛豫铁电体 / 95

4.5 多层陶瓷电容器 / 97
    4.5.1 多层陶瓷电容器设计原理 / 97
    4.5.2 多层陶瓷电容器分类标准 / 99
    4.5.3 多层陶瓷电容器制造工艺 / 101

习题 / 106

参考文献 / 106

第5章 压电陶瓷材料

5.1 压电效应原理 / 108
    5.1.1 压电性与晶体对称性 / 108
    5.1.2 压电振子及相关参数 / 111

5.2 人工极化技术 / 114
    5.2.1 铁电陶瓷单畴化处理 / 114
    5.2.2 极化条件与性能稳定性 / 115

5.3 PZT压电陶瓷 / 116
    5.3.1 准同型相界与多元体系 / 116
    5.3.2 软性掺杂与硬性掺杂 / 120

5.4 无铅压电陶瓷 / 123
    5.4.1 无铅化的意义与材料体系 / 123
    5.4.2 压电陶瓷织构化技术 / 133

5.5 典型压电器件 / 138
    5.5.1 压电陶瓷传感器 / 138
    5.5.2 压电陶瓷驱动器 / 140
    5.5.3 压电陶瓷蜂鸣器 / 143
    5.5.4 压电能量收集器 / 144
    5.5.5 压电陶瓷变压器 / 147

习题 / 150

参考文献 / 151

第 1 章

引言

1.1 从传统陶瓷到先进陶瓷

材料是社会发展的物质基础,与能源、信息并称为当代科学技术的三大支柱。作为重要的材料类型,对陶瓷材料的认识与陶瓷材料制造技术的进步推动人类物质文明与精神文明不断跃上新的高度。传统陶瓷是由黏土类物料经成型、干燥、高温处理而制成的。陶瓷的英文 ceramic 来源于希腊语 keramos,意为火烧成的制品。美国科学院将 ceramic 定义为"经高温固化或高温处理的无机非金属材料"。

在材料大家族中,陶瓷的出现早于人类使用的第一种金属——青铜。纵观人类陶瓷发展史,中国无疑是世界最早制作陶瓷的国家之一(图 1.1)。在英文中,瓷器与中国同名,china 通常被认为来自中国朝代——"秦"的发音,有瓷器的含义。中国制瓷业的发展,不仅促进了中国古代手工业的繁荣,而且还促进了世界制瓷业的形成。考古学证明,中国陶器的出现可以追溯到距今约 9000~10000 年前。据《史记》记述:黄帝时已设"陶正"之官。新石器时代晚期,中国第一个陶器品种——"彩陶",已趋成熟。彩陶是一类绘制有黑色或红色花纹的红褐色或棕黄色陶器,对应该时期的文化即是著名的"彩陶文化"(或称"仰韶文化")。此外,陶器中的重要类别——"陶塑"艺术,在中国战国与秦汉时期也得到快速

图 1.1 中国——陶瓷制作历史悠久

发展，其高峰之作就是"秦始皇陵兵马俑"。

从传统陶瓷的发展历程来看，先有陶器，后有瓷器。陶器与瓷器的区别见表1.1，其中吸水率的差异与由原料和烧结温度共同决定的坯体孔隙度相关。如果说陶器的源产地是世界范围，那么瓷器则是中国独有的发明，是我国古代劳动人民长期生产实践的结果和聪明才智的结晶。瓷器起始于商周，成熟于东汉。早期陶器的烧成温度仅为700～900℃，由于烧成温度较低，陶器仅是一类气孔率高、质地较松的未完全烧结制品。瓷器的烧制则对烧结工艺有着更高的要求。我国东汉时期，人们能够利用含铝量高的瓷土为原料，加上高温釉技术的成熟以及高温烧结技术的改进，陶瓷真正步入瓷器阶段，这是人类陶瓷技术发展史上重要的里程碑。与陶器相比，瓷器烧成温度高、质地坚硬致密、吸水率低。考古研究发现，在中国浙江出土的东汉越窑青瓷，烧成温度已经达到1300～1310℃，工艺水准接近近代瓷器。汉代瓷窑的分布面广、产量大，瓷器生产已发展成独立的新兴手工业。到了商品经济高度发达的宋代，中国制瓷业渐入鼎盛时期，各类瓷器在宫廷和民间广泛使用，出现了著名的汝窑、定窑、官窑、哥窑和钧窑五大名窑。经元代的过渡，明代形成了瓷都景德镇一花独放的局面，以青花瓷为代表的景德镇瓷器几乎占据了全国的主要市场，并大量外销。在整个清代，景德镇仍是中国的瓷都，且地位比在明代时更为突出。代表景德镇瓷器生产最高水平的是清政府在当地设置的官窑所生产的官窑器。康熙、雍正、乾隆三朝，无论在制瓷的胎、釉质量还是品种的多样性上都堪称是中国瓷器生产的高峰。嘉庆以后，由于多种社会因素影响，景德镇瓷业渐趋衰落。

表1.1 陶器与瓷器的区别

类别	材料	温度	釉	吸水率	源产地
陶器	普通黏土	700～900℃	上低温釉或不上釉	高	世界范围
瓷器	瓷土	1200℃以上	上高温釉	低	中国独有

在人类历史长河中，传统陶瓷范畴内的陶器与瓷器主要作为日用陶瓷使用，如餐具、茶具、坛罐等实用器皿陶瓷和花瓶、瓷雕和瓷板画等陈列艺术陶瓷，人们多关注其造型、装饰和日用便利性。除日用陶瓷外，传统陶瓷还涵盖建筑陶瓷、卫生陶瓷、化工陶瓷等，是非常重要的基础材料。传统陶瓷工业是典型的资源型、耗能型和劳动密集型产业。

进入20世纪，特别是第二次世界大战之后，为满足智能制造、信息通信、生物能源、军事武器、宇宙开发等各类高新技术发展的需要，对陶瓷材料的性能、质量和品种均提出越来越高的要求，一系列源于传统陶瓷基本原理和工艺方法、具有特殊功能的新型陶瓷材料被设计和制造出来，极大地丰富了陶瓷材料的应用领域。为了区别传统陶瓷，人们称此类陶瓷为先进陶瓷。就陶瓷的发展历程来看，可简单划分为三个阶段，如图1.2所示。先进陶瓷是在传统陶瓷的基础上发展起来的新型陶瓷材料，二者既有着紧密联系，但又有所区别。

通常认为，先进陶瓷是一类采用高度精选的原料、具有能精确控制的化学组成、按照便于控制的制造技术加工的、便于进行结构设计并具有优异特性的陶瓷。先进陶瓷有许多同义词，如精细陶瓷、特种陶瓷、高技术陶瓷、高性能陶瓷和近代陶瓷等。相邻学科、相关技术的相互渗透与交叉，是先进陶瓷材料科学技术发展的一个重要特点。

先进陶瓷与传统陶瓷的主要区别如下。

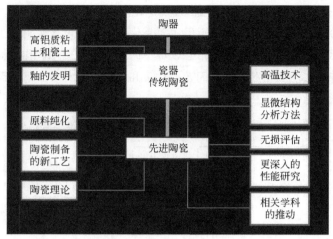

图 1.2 陶瓷的发展历程

① 组成设计方面。先进陶瓷突破了传统陶瓷以黏土类天然矿物为主要原料的界限，通常使用经过提纯的高纯度化工原料配料，因而先进陶瓷的组成配比易于按设计要求实现精确控制，有效消除了与产地相关的天然原料中杂质等不易控因素对设计体系组成与性能的影响。

② 制备工艺方面。先进陶瓷粉体可采用水热法、共沉淀法等精细化学工艺合成，粉体纯度、粒度和形貌实现精确控制；成型则可选用等静压成型、流延成型等先进成型工艺；同时烧结技术也突破传统陶瓷以窑炉为主的生产手段，气氛烧结、热压烧结、微波烧结和放电等离子烧结等新技术被用于陶瓷制造。

③ 科学理论方面。物理学、化学、冶金学、电子科学、计算材料学等相关学科的发展为先进陶瓷科学理论的发展起到助推作用；同时，显微结构分析方法的进步，使人们可以在微观和介观尺度精确解析陶瓷结构与组成关系，为陶瓷理论与制备技术的发展提供科学依据，使陶瓷工艺实现从经验操作到科学控制。

④ 使用性能方面。先进陶瓷相对于传统陶瓷应用面更广，先进陶瓷包括结构陶瓷和功能陶瓷两大类。结构陶瓷以力学和机械性能应用为主；功能陶瓷以电、磁、声、光、热、生物等直接效应或耦合效应的应用为主；先进陶瓷中新材料与新效应的涌现强力推动着社会发展和人民生活水平不断提升。

1.2 电子陶瓷的分类及应用

电子陶瓷属于先进陶瓷范畴，是应用于电子信息技术领域中的各种功能陶瓷，是构建量大面广的电子陶瓷元器件的基础材料。电子陶瓷也被称作信息功能陶瓷，主要包括介电、铁电、压电、半导体、超导和磁性陶瓷等类型。电子陶瓷具有成分可控性、结构宽容性、性能多样性和应用广泛性等诸多特点，利用其构建的电子陶瓷元器件在信息通信、自动控制、航空航天、海洋超声、激光技术、精密仪器、机械工业、军事武器和生物医疗等诸多领域获得重要应用。物理、化学、冶金、机械、生物、电子等传统学科的快速发展为新兴的交叉学科——电子陶瓷学科提供了丰富的"营养"，并推动各类新型电子陶瓷的设计、制备与元器件的应用。全球电子陶瓷规模逐年快速增长，在当前整个先进陶瓷工业中，电子陶瓷市场份额已超过80%。

图1.3给出的是电子陶瓷产业链。上游主要是化工原料、电极浆料和生产能源；中游是电子陶瓷及相关元器件；下游是在电子信息领域中的各类装备应用。作为高科技产业，电子陶瓷及相关元器件的生产制造对原料、工艺、设备和质量管理都有着严格要求。

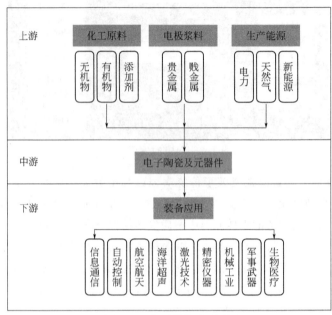

图1.3 电子陶瓷产业链

电子陶瓷有多种分类方法，可以按组成分类，也可以按照性能或用途分类。例如：
① 根据结构组成与导电特性分为绝缘陶瓷、半导陶瓷、导电陶瓷和超导陶瓷等；
② 根据能量转换与耦合特性分为压电陶瓷、热电陶瓷、光电陶瓷和磁电陶瓷等；
③ 根据对不同外场的敏感特性分为热敏陶瓷、气敏陶瓷、湿敏陶瓷和压敏陶瓷等。
表1.2给出一些具有代表性的电子陶瓷类型、典型材料和主要用途。

表1.2 代表性的电子陶瓷类型、典型材料和主要用途

电子陶瓷类型	典型材料	主要用途
绝缘陶瓷	Al_2O_3、BeO、MgO、AlN	集成电路基片、封装外壳、线圈骨架等
介电陶瓷	TiO_2、$CaTiO_3$-$MgTiO_3$、$Ba_2Ti_9O_{20}$、$Ba(Zn_{1/3}Ta_{2/3})O_3$	高频陶瓷电容器、微波谐振器、微波滤波器、微波振荡器等
铁电陶瓷	$BaTiO_3$、$SrBi_2Ta_2O_9$、$Pb(Mg_{1/3}Nb_{2/3})O_3$-$PbTiO_3$	低频陶瓷电容器、铁电薄膜存储器等
透明铁电陶瓷	PLZT	光信息存储器、激光调制器、光电显示器、光开关、光阀等
压电陶瓷	$Pb(Zr,Ti)O_3$、$(K,Na)NbO_3$、$(Na_{0.5}Bi_{0.5})TiO_3$-$BaTiO_3$	压电传感器、压电致动器、压电变压器、压电能量收集器、压电频率器件等
半导体陶瓷	PTC$(Ba$-Sr-$Pb)TiO_3$、NTC$(Mn,Co,Ni,Fe,LaCrO_3)$、ZnO、SiC	温度补偿和自控加热元件、温度传感器、浪涌电流吸收器、避雷针、电炉加热棒等
快离子导电陶瓷	β-Al_2O_3、ZrO_2	钠-硫电池固体电介质、氧传感器等

续表

电子陶瓷类型	典型材料	主要用途
高温超导陶瓷	La-Ba-Cu-O、Y-Ba-Cu-O、Bi-Sr-Ca-Cu-O、Ti-Ba-Ca-Cu-O	高温超导限流器、输电电缆、超导陶瓷滤波器、高温超导量子干涉器等
磁性陶瓷	Mn-Zn、Cu-Zn、Ni-Zn、Mg-Mn、Cu-Zn-Mg	电视机磁芯、片式电感、高密度磁头、非互易性微波器件，如环行器、隔离器、振荡器和移相器等

电子陶瓷材料学科是理论密集和技术密集的交叉性学科，涉及的材料品种及相关元器件类型极多，在国民经济与国防建设中占有极其重要的战略地位。电子陶瓷的研究内容十分丰富，主要前沿研究包括：a.电子陶瓷组成优化设计与微观-介观结构精确调控；b.环境友好型高纯超细粉体的合成方法、复杂异形陶瓷工件成型工艺和低温共烧技术及相关理论；c.多场/强场条件（如电、磁、机械、温度场等）下电子陶瓷与元器件的服役行为及失效机制；d.以电子陶瓷为主体的新型多相复合材料设计及集成化器件的构建方法；e.高性能无铅压电陶瓷与元器件的低成本制备及工业化产线移植研究。随着新概念、新材料、新技术、新器件的不断出现，电子陶瓷对现代科学技术的推动作用将更加显著。

1.3 电子陶瓷发展趋势与动态

电子陶瓷是离子键或共价键极强的材料，因而相对于金属和聚合物材料具有熔点高、抗氧化、耐腐蚀特性好，弹性模量、硬度和高温强度高等诸多优点。但是，电子陶瓷的缺点是塑性变形能力差、韧性低、不易成型加工，受力时易产生突发性脆断，因而改善电子陶瓷的力学特性，特别是优化韧性对降低电子陶瓷元器件的加工难度及提升工作可靠性至关重要。

同时，需要认识到作为电子元器件的关键基础材料，电子陶瓷的发展与相关学科的进展和社会需求密切相关。以在电子技术中应用最多的电容器——陶瓷电容器为例，早期研究认为 TiO_2 已属于高介电容器瓷，其介电常数为 80~100，远高于 Al_2O_3 等介电氧化物。但是在第二次世界大战期间，军事装备更新需要更高介电常数的陶瓷材料以构建大容量陶瓷电容器。研究人员在 TiO_2-BaO 体系实验中发现了新型铁电陶瓷 $BaTiO_3$，其介电常数高达 1000 以上，远优于 TiO_2，是理想的大容量陶瓷电容器材料。随后，研究人员又发现，对 $BaTiO_3$ 施加外电场能够使内部电畴有序排列，从而呈现出宏观压电效应。$BaTiO_3$ 陶瓷中发现的强铁电效应推动了陶瓷电容器产业的快速发展，时至今日，$BaTiO_3$ 仍是铁电陶瓷电容器的主体材料，直接促进了百亿美元陶瓷电容器市场的形成。在 $BaTiO_3$ 中发现压电效应之后，科研人员在 20 世纪 50 年代又发现了压电性能更为优异的 $Pb(Zr,Ti)O_3$ 二元系陶瓷。该材料的突出特点是在具有高压电性的同时，相对于 $BaTiO_3$ 具有更高的居里温度（>250℃），这使得此类材料在应用于压电器件时，能够在宽温区内使用而不失效。科研人员通过相结构解析发现 $Pb(Zr,Ti)O_3$ 的优异压电性能与准同型相界结构相关，即在接近 1:1 的锆钛比组成范围内，材料体系会呈现出三方相与四方相共存的特征相界（此后高分辨结构解析技术的发展又进一步证实在三方相和四方相的过渡区还有作为桥接相的单斜相共存），特征相界能够显著提升极化效率而获得高压电性能。在 $Pb(Zr,Ti)O_3$ 二元系基础上，相界设计方法与缺陷化学理论的快速发展使得人们能够通过进一步引入 $Pb(Mg_{1/3}Nb_{2/3})O_3$ 等弛豫铁电体复合组元或进行"软、硬性"元素掺杂，实现不同电学参数的定向调控，从而满足种类繁多、性能要求各异的压电器件制造需求。以 $Pb(Zr，Ti)O_3$ 为代表的铅基压电陶瓷因结构可调性强、压电性能优异，在其出现后，至今一直处于压电陶瓷材料应用的主体地位，并促进了庞大压电器件市场的形成。但是，$Pb(Zr，Ti)O_3$ 等铅基压电陶瓷的不利之处是其含有毒重金属元素铅，环境负担重。进入 21 世纪后，随着世界各国对环境保护和可持续发展的日益重视，急需寻找到可替代 $Pb(Zr，Ti)O_3$ 等铅基压电陶瓷的环境协调型无铅压电陶瓷。2003年，欧盟正式颁布《电气电子设备中限制使用某些有害物质指令》，随后，美国、日本和我国也相继通过类似法令。各国科研人员受社会发展与环境保护需求驱动，开始集中力量研制高性能无铅压电陶瓷。通过材料改性，一些无铅压电陶瓷体系研究取得重要突破。例如，基于相界设计方法，$(K，Na)NbO_3$ 等无铅压电陶瓷的电学性能获得大幅提升，部分电学指标已经接近甚至超过一些特定型号的 $Pb(Zr，Ti)O_3$ 铅基压电陶瓷。但是，要全面赶超 $Pb(Zr，Ti)O_3$ 系列铅基压电陶瓷的综合电学性能，无铅压电陶瓷研究仍须做深度探索与积累。

除了电子陶瓷材料设计受应用需求驱动不断发展之外，高密度表面贴装技术与整机装备小型化、模块化趋势需要高性能、微型化的片式电子元器件进行线路组装，这一需求促进了陶瓷元器件制造工艺的不断创新。以在电子设备中广泛使用的陶瓷电容器为例，早期的陶瓷电容器主要为单板结构，电容器的上下表面为导电电极，中间夹有一层陶瓷介质，这种结构虽然简单，但很难获得高比容的微型陶瓷电容器。20 世纪 60 年代，美国企业最先研制成功多层陶瓷电容器（MLCC）。随后，以村田制作所为代表的日本企业迅速跟上并进一步发展多层陶瓷电容器制造技术，时至今日一直保持在该领域的产业化优势。多层陶瓷电容器主要用于各类民用、军用电子设备中的振荡、耦合、滤波旁路电路中，应用范围涵盖自动仪表、计算机、手机、数字家电和汽车电子等领域。图 1.4 显示了多层陶瓷电容器的结构和在一些典型民用电子设备中的用量。

多层陶瓷电容器主要包含陶瓷介质、内电极和端电极三部分。其制造过程为：首先将印制好内电极的陶瓷介质膜片以错位方式叠合起来，经高温共烧形成陶瓷芯片，并经进一步封接端电极后构成一体化的独石电容器。相对于单板陶瓷电容器，多层陶瓷电容器的尺寸可以做得很小且容积率得到显著提升，这非常有利于电子整机的小型化与轻量化。当前，多层陶瓷电容器在整个陶瓷电容器市场中占比已超过 90%，是世界上用量最大、发展最快的片式无源元件之一。根据中国电子元件行业协会统计数据，2018 年全球多层陶瓷电容器市场规模总额达到 157.5 亿美元，年产量高达 40000 亿只。以典型的家用便携式电子设备智能手机为例，单台手机中多层陶瓷电容器的用量已超过 1000 只；而在电动汽车中，多层陶瓷电容器的用量更是高达 10000 只以上。微型大容量多层陶瓷电容器的制造不仅需要高品质的介电陶瓷材料，对流延成型、丝网印刷和共烧技术等全流程工艺均提出很高要求。因而，多层陶瓷电容器的制造是一个系统工程。目前，世界上领先的商用多层陶瓷电容器的单层介质膜厚已经可以做到小于 $1\mu m$，叠层数高达 1000 层以上。除多层陶瓷电容器外，片式化与多层化制造技术在压电器件领域也得到广泛应用。一些高品质的压电陶瓷器件，如多层压电驱动器、多层压电变压器等已经成为民用与军事装备中不可或缺的关键电子陶瓷元器件。

总之，电子陶瓷元器件的小型化、多功能化、高性能、低成本及与环境协调性发展的趋

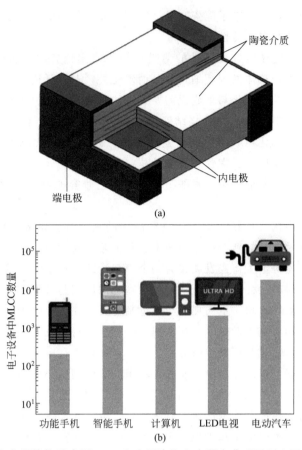

图 1.4 多层陶瓷电容器结构示意图（a）和多层陶瓷电容器在典型民用电子设备中的用量（b）

势对材料设计与元器件工艺均提出更高的要求。图 1.5 给出一些典型电子陶瓷材料设计与元器件工艺发展趋势。

材料设计：
> 介电陶瓷：高频化，低损耗
> 铁电陶瓷：高介化，抗还原
> 压电陶瓷：无铅化，高性能…

元器件工艺：
> 薄膜化，片式化(流延技术)
> 复合化，集成化(共烧技术)
> 织构化，取向化(晶粒定向)…

图 1.5 典型电子陶瓷材料设计与元器件工艺发展趋势

材料设计方面，对于介电陶瓷，需要大力发展适用于卫星通信和移动通信等电子设备组装的高频低损耗介质材料以构建微波电容器或微波滤波器等；对于铁电陶瓷，需要发展宽温区高介电常数且可以匹配贱金属内电极（如镍）的抗还原瓷料用以构建低成本大容量多层陶瓷电容器；对于压电陶瓷，为了适应日益苛刻的环保法规，需要发展可替代传统铅基压电陶瓷的高性能无铅压电陶瓷用以构建新型无铅压电致动器、换能器和传感器等压电器件。此外，航空航天、汽车电子与武器装备等高技术领域的快速发展还需要电子陶瓷元器件能够适应极端复杂的工作环境，因而电子陶瓷在设计时还应注意材料的温湿度稳定性、耐高压与抗辐射特性以及场致疲劳与老化特性等。

元器件工艺方面，电子陶瓷元器件的薄膜化与片式化趋势需要精密的流延技术进行材料成型，除要求电子陶瓷粉体做到超细化甚至纳米化外，对流延机的成型精度也提出很高的要求；电子陶瓷元器件的复合化与集成化需要共烧技术进行异质材料烧结，这要求电子陶瓷与内电极及其他组合材料具有良好的烧结匹配性与化学兼容性；对于压电致动器等电子陶瓷元器件，通过构建织构化与取向化的陶瓷微观组织能够大幅提升器件电学性能并改善力学特性，这要求进一步发展电子陶瓷元器件晶粒定向技术。此外，一些新型功能集成模块器件（如集成铁电器件）的制造还需要发展与半导体工艺兼容的亚微米/纳米晶电子陶瓷元器件制备新工艺。

由于电子陶瓷作为核心材料在电子信息产品中的重要性，世界各国电子元器件制造企业均在电子陶瓷及其元器件的新产品、新技术、新工艺、新材料、新设备方面投入大量人力物力进行研究开发，使得电子陶瓷发展成为一个创新活跃、竞争激烈的高科技领域，每年都有大量新型电子陶瓷材料及元器件问世。在电子陶瓷的研究与开发方面，美国和日本走在世界前列。其中，日本依靠其超大生产规模与先进制备技术在世界电子陶瓷及元器件市场中处于主导地位。美国科学研究力量雄厚，在基础理论和新材料开发方面居于领先地位，其电子陶瓷产品侧重前沿技术领域与军事装备应用。近年来，我国在电子陶瓷新材料研究与元器件开发方面取得很大进展，正在经历由工业制造大国向工业制造强国的转变。信息技术产业是关系国民经济安全和发展的战略性、基础性、先导性产业，也是世界各国高度重视、全力布局的竞争高地。作为支撑信息技术产业发展的基石，电子元器件是保障产业链和供应链安全稳定的关键。当前，国家出台《基础电子元器件产业发展行动计划（2021—2023年）》，我国正在全力推进产学研用协同创新，加快电子元器件及配套材料和设备仪器等基础电子产业的发展步伐。作为电子元器件的关键基础材料，电子陶瓷在信息化社会中面临空前的发展机遇，相信在科技工作者的共同努力下，电子陶瓷材料的明天一定会更加绚丽多彩。

习题

1. 结合实例说明我国古代在传统陶瓷领域的重要贡献。
2. 通过资料调研，简述中国古代唐三彩的制作工艺流程。
3. 简述先进陶瓷与传统陶瓷的区别与联系。
4. 简述电子陶瓷的含义及其在电子信息技术中的应用。
5. 列举日常生活中常见的电子陶瓷元器件类型并说明其功能。
6. 通过资料调研，简述电子陶瓷在我国国民经济中的地位及其发展趋势。

参考文献

[1] 冯先铭. 中国陶瓷. 修订本. 上海：上海古籍出版社，2001.

[2]　王零森.特种陶瓷.第二版.长沙：中南大学出版社，2005.

[3]　李雨苍.日用陶瓷鉴别.武汉：武汉理工大学出版社，2005.

[4]　徐政，倪宏伟.现代功能陶瓷.北京：国防工业出版社，1998.

[5]　殷庆瑞，祝炳和.功能陶瓷的显微结构、性能与制备技术.北京：冶金工业出版社，2005.

[6]　侯育冬，朱满康.电子陶瓷化学法构建与物性分析.北京：冶金工业出版社，2018.

[7]　侯育冬，郑木鹏.压电陶瓷掺杂调控.北京：科学出版社，2018.

[8]　国家自然科学基金委员会工程与材料科学部.无机非金属材料科学.北京：科学出版社，2006.

[9]　国家自然科学基金委员会，中国科学院.未来10年中国学科发展战略·材料科学.北京：科学出版社，2012.

[10]　王本力，王兴艳.全球电子陶瓷产业发展概况.新材料产业，2016，1：9-12.

[11]　Hong K，Lee T H，Suh J M，Yoon S H，Jang H W. Perspectives and challenges in multilayer ceramic capacitors for next generation electronics. *J. Mater. Chem. C*，2019，**7**：9782-9802.

[12]　周济，李龙土，熊小雨.我国电子陶瓷技术发展的战略思考.中国工程科学，2020，22（5）：20-27.

第 2 章

电子陶瓷结构基础

2.1 电子陶瓷中的化学键

同类或异类原子之间的结合情况可以归结为化学键的特性。化学键是将元素原子结合成物质世界的作用力,其性质取决于成键原子间电子云的分布,而电子云的分布情况则可以通过相关元素的电负性来反映。电负性是衡量一个原子在化合物中吸引电子能力大小的量度,用符号 χ 表示。电负性的概念首先由鲍林于 1932 年提出,综合考虑了电离能和电子亲合能,用一组数值的相对大小来表示不同原子间形成化学键时吸引电子能力的相对强弱。元素的电负性数值越大,表示其原子在化合物中吸引电子的能力越强;反之,相应原子在化合物中吸引电子的能力越弱。表 2.1 列出一些原子的电负性数值。周期表从左到右,元素的电负性逐渐变大;周期表从上到下,元素的电负性逐渐变小。电负性可用于判断元素的金属性和非金属性。一般认为,电负性 χ 约为 2 处,系金属与非金属的分界线。χ>2.0 的元素为非金属,χ<2.0 的元素为金属。此外,电负性可用于判断化合物中元素化合价的正负。电负性数值小的元素在化合物中吸引电子的能力弱,元素化合价为正值;电负性大的元素在化合物中吸引电子的能力强,元素的化合价为负值。

表 2.1 元素的电负性数据表

Li 1.0	Be 1.5										B 2.0	C 2.5	N 3.0	O 3.5	F 4.0
Na 0.9	Mg 1.2										Al 1.5	Si 1.8	P 2.1	S 2.5	Cl 3.0
K 0.8	Ca 1.0	Se 1.3	Ti 1.5	V 1.6	Cr 1.6	Mn 1.5	Fe 1.8	Co 1.8	Ni 1.8	Cu 1.9	Zn 1.6	Ga 1.6	Ge 1.8	As 2.0	Se 2.4	Br 2.8
Rb 0.8	Sr 1.0	Y 1.2	Zr 1.4	Nb 1.6	Mo 1.8	Tc 1.9	Ru 2.2	Rh 2.2	Pd 2.2	Ag 1.9	Cd 1.7	In 1.7	Sn 1.8	Sb 1.9	Te 2.1	I 2.5
Cs 0.7	Ba 0.9	La-Lu 1.1~1.2	Hf 1.3	Ta 1.5	W 1.7	Re 1.9	Os 2.2	Ir 2.2	Pt 2.2	Au 2.4	Hg 1.9	Tl 1.8	Pb 1.8	Bi 1.9	Po 2.0	At 2.2
Fr 0.7	Ra 0.9	Ac 1.1	Th 1.3	Pa 1.5	U 1.7	Np-No 1.3										

电负性是了解元素化学性质的重要参数，也是了解化学键类型及其变异的重要依据。电子陶瓷中典型的化学键是共价键和离子键。

共价键是指两个原子共用一对自旋相反的电子互相吸引而形成的化学键。按照分子轨道理论，当两个原子互相接近时，它们的原子轨道互相叠加组成分子轨道，电子进入成键轨道，体系能量降低，即原子间通过共价键结合形成稳定的分子。由于原子轨道在空间按一定的方向分布，成键方向叠加最大，所以共价键具有方向性和饱和性。当电负性相同的非金属元素形成化合物时，构成非极性共价键；当电负性不同的非金属元素形成化合物时，电负性高的元素原子带部分负电荷，另一元素原子带部分正电荷，构成极性共价键。

离子键是由正负离子以其所带的正、负电荷间的静电吸引力而形成的化学键，一般由电负性较小的金属元素和电负性较大的非金属元素化合形成的正负离子组成。离子键没有方向性和饱和性。离子键的强度正比于正负离子电价的乘积，而与正负离子间的距离成反比。在实际电子陶瓷材料中，由于离子的极化变形等原因，键型发生变异，离子间的结合力常含有部分共价键，纯粹由静电作用的离子键极少。可以用电负性差值来估量化学键中离子键的成分，见表 2.2。当两个元素的电负性差值 $\Delta\chi > 1.7$ 时，离子键占优势；$\Delta\chi < 1.7$ 时，共价键占优势。

表 2.2　电负性差值与化学键中离子键成分

电负性差值	0.2	0.4	0.6	0.8	1.0	1.2	1.4	1.6	1.8	2.0	2.2	2.4	2.6	2.8	3.0	3.2
化学键中离子键成分 $/10^{-2}$	1	4	9	15	22	30	39	47	55	63	70	76	82	86	89	92

2.2　电子陶瓷的晶体结构

2.2.1　配位数与密堆积

在晶体化学中，配位数是指某个原子或离子周围最邻近的原子或离子的数目。如果把原子或离子看作等径刚性球，这些全同刚性球占用空间最小、最紧密的稳定堆积方式有两种：六方密堆和面心立方密堆。两者配位数相同，均为 12，即任一刚性球均与相邻空间的 12 个球紧密相切，但是，六方密堆和面心立方密堆的排列方式不同。

六方密堆排列方式如图 2.1 所示。在平面上，首先放置第一层刚性球，使得任一球与相邻 6 个球紧密相切，记为 A 型排列；然后，在第二层继续放置密排的刚性球，使其球心正好

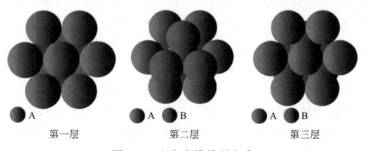

图 2.1　六方密堆排列方式

位于第一层中三球相切的三角形间隙之上（另一半三角形间隙空着），即第二层任一刚性球均与第一层中三个球紧密相切，记为 B 型排列；最后，放置第三层密排的刚性球，使其球心正好对准第一层，即重复 A 型排列，这样循环下去，便构成如图 2.1 所示的···ABAB···型排列模式，每一刚性球与相邻空间的 12 个球紧密相切。

面心立方密堆排列方式如图 2.2 所示。面心立方密堆与六方密堆排列方式的不同之处主要在于第三层刚性球的排列。对于面心立方密堆，第三层密排球的球心对准第一层中另外三个三角形间隙，即呈现出 C 型排列，第四层又恢复 A 型排列，这样循环下去，便构成如图 2.2 所示的···ABCABC···型排列模式，每一刚性球也与相邻空间的 12 个球紧密相切。

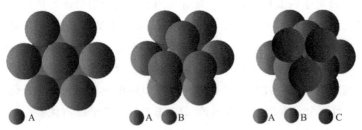

图 2.2　面心立方密堆排列方式

对于电子陶瓷材料结构分析，密堆度的概念极为重要。密堆度定义为堆积空间中被球体占用体积的百分数，以表示其密堆程度。通过简单的几何计算，可以发现在等径刚性球密堆的情况下，配位数越大则排列越紧密，而等径刚性球的最大配位数为 12。例如，配位数为 12 的六方密堆与面心立方密堆，均具有最高的密堆度 74%；配位数为 8 的体心立方堆积，密堆度为 68%；配位数为 6 的简单立方堆积，密堆度仅为 52.36%。

在实际电子陶瓷的晶体结构中，参与密堆的是各种正负离子。通常，负离子半径比正离子半径大很多，因而出现不等径球密堆排列。常见情况是负离子以某种形式堆积，正离子填充于其堆积间隙之中。因而，负离子与负离子之间的配位数越大，则其堆积密度越大，堆积间隙越小，可容纳的正离子的半径越小。

从晶体结构角度分析，堆积间隙表现为不同类型的配位多面体，如图 2.3 所示，其中最常见的是四面体间隙和八面体间隙。

如图 2.4 所示，以面心立方点阵为例，其有两种形式的堆积间隙，即由 ABCD 四个离子所包围的四面体间隙和由 ABCEFG 六个离子所包围的八面体间隙。

堆积间隙的尺寸，即间隙中可以容纳的最大刚性球的直径，可以由简单的几何关系算出。由于形成晶体的实际离子并非刚性球，所以间隙中能够容纳的离子半径通常大于计算值，如表 2.3 所示。需要注意的是，同一元素在不同结构的化合物中，离子半径会由于化合价态和配位环境不同而有所差异。通常，离子半径随配位数增加而增加，随化合价增加而下降。例如：化合价相同，配位数不同的情况，以 Ba^{2+} 为例，当其配位数为 6、8、10 和 12 时，离子半径分别为 136pm、142pm、152pm 和 160pm；配位数相同，化合价不同的情况，以 6 配位的 V 为例，当其化合价为 +2、+3、+4 和 +5 时，离子半径分别为 79pm、64pm、59pm 和 54pm。因而，具体做材料结构分析时如需要选取离子半径，应该综合考虑元素化合价态和配位环境等因素。

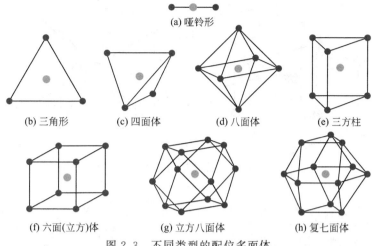

图 2.3 不同类型的配位多面体

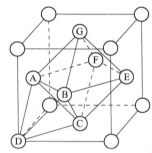

图 2.4 面心立方点阵的堆积间隙

表 2.3 正离子配位多面体的性质

负离子多面体	立方八面体、复七面体	立方体	八面体	四面体	三角形	哑铃形
配位数	12	8	6	4	3	2
r^+/r^-	1.000	1~0.732	0.732~0.414	0.414~0.225	0.225~0.155	0.155~0

注：r^+、r^- 分别为正、负离子半径。

2.2.2 简单化合物晶体结构

（1）氯化铯型结构

图 2.5 为氯化铯型晶体结构。正、负离子各自按简单立方点阵排列，两者沿空间对角线方向相互移动 1/2 套构而成，互为六面体体心。该结构中金属离子与负离子配位数为 M：O=8：8。属于该类型的化合物有 RbCl、RbBr、RbI、CsCl、CsBr、CsI 等，尚未见氧化物。

（2）氯化钠型结构

图 2.6 为氯化钠型晶体结构。正、负离子各自按面心立方点阵排列，两者沿棱边方向相互移动 1/2 套构而成，互为八面体的体心。该结构中金属离子与负离子配位数为 M：O=6：6。属于该类型的化合物有 NaCl、NaI、TiN、LaN、TiC、SiN、CrN、ZrN 和绝大多数的二价氧化物，如 MgO、CaO、SrO、BaO、CdO、MnO、FeO 和 NiO 等。

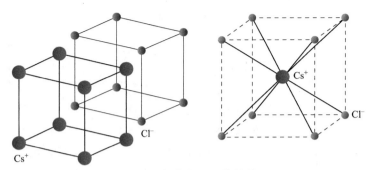

图 2.5 氯化铯型晶体结构

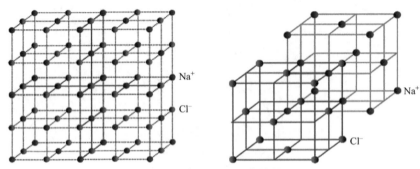

图 2.6 氯化钠型晶体结构

2.2.3 钙钛矿氧化物晶体结构

钙钛矿型结构在电子陶瓷中占有极其重要的地位，大多数铁电或压电陶瓷都具有这种结构。钙钛矿型氧化物的结构通式为 ABO_3，A 通常都是低价、半径较大的金属离子，B 通常为高价、半径较小的金属离子。图 2.7 给出 ABO_3 钙钛矿型晶体结构的两种观测模式：左图以 B 离子为中心，右图以 A 离子为中心。对于钙钛矿型结构，A 离子与 O 离子一起按面心立方密堆排列，其配位数为 12；B 离子与紧邻的 O 离子形成八面体结构，其配位数为 6；O 离子则紧邻 2 个 B 位离子和 4 个 A 位离子，其配位数为 6。图 2.8 进一步给出 ABO_3 钙钛矿型结构中 BO_6 八面体的连接模式。可以看到，所有八面体在空间都是以三维共角模式相连。属于钙钛矿型的化合物有 $BaTiO_3$（见图 2.9）、$CaTiO_3$、$SrTiO_3$、$PbTiO_3$、$KNbO_3$、$KTaO_3$ 等。

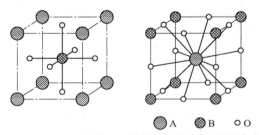

图 2.7 ABO_3 钙钛矿型晶体结构的两种观测模式

需要说明的是，并非所有化学式为 ABO_3 的氧化物均具有钙钛矿型结构。从晶体结构稳

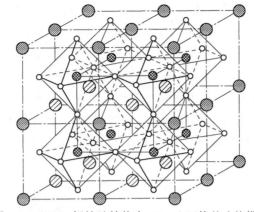

图 2.8 ABO₃ 钙钛矿结构中 BO₆ 八面体的连接模式

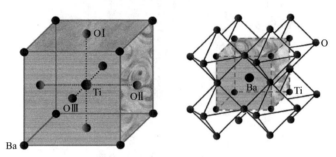

图 2.9 钙钛矿型化合物 BaTiO₃ 的晶体结构

定性角度，可以用容差因子 t 的取值范围进行判断。

依据简单的几何关系可以得出，ABO₃ 型晶格中三种刚性球恰好相切时离子半径 r_A、r_B 和 r_O 需要满足如下关系式：

$$r_A + r_O = \sqrt{2}(r_B + r_O) \tag{2-1}$$

在实际情况中，A、B 离子不是刚性球，其半径容许差异，因而在关系式中引入容差因子 t，得到如下表达式：

$$r_A + r_O = \sqrt{2}(r_B + r_O)t$$

该式中，t 在 0.8～1.1 之间取值，晶体可以保持稳定的钙钛矿型结构。$t < 0.8$ 时，氧化物形成钛铁矿结构，$t > 1.1$ 时，氧化物则转变成方解石或纹石型结构。

容差因子 t 反映了钙钛矿型结构中离子半径比是允许变化的，只要半径比合适，就有可能构成稳定的钙钛矿型结构。

2.2.4 铋层状氧化物晶体结构

铋层状化合物由 Aurivillius 等于 1949 年首次合成，因此该结构的化合物也称作 Aurivillius 化合物。铋层状氧化物种类繁多，到目前为止，已公开报道的种类数量有 60 余种，其中一些铋层状氧化物因具有高居里温度和稳定的压电品质，在高温压电传感器等压电器件领域获得重要应用。铋层状氧化物在晶体结构上可以看作是钙钛矿氧化物的层状衍生结构，是由含氧八面体基元的 ABO₃ 类钙钛矿层和铋氧层（Bi_2O_2）$^{2+}$ 层沿 c 轴方向有规律地相互交替排列而成。铋层状氧化物的化学通式为 $(Bi_2O_2)^{2+}(A_{m-1}B_mO_{3m+1})^{2-}$，其中 A 为 Na^+、K^+、Ca^{2+}、Sr^{2+}、Ba^{2+}、Pb^{2+}、Bi^{3+}、La^{3+}、Ce^{4+} 等适合于 12 配位的 +1、+2、+3、+4 价离子或由它们组成的复合离子；B 为 Fe^{3+}、Cr^{3+}、Ti^{4+}、Nb^{5+}、Ta^{5+}、W^{6+}、Mo^{6+} 等适合于 6 配位（八面体配位）的 +3、+4、+5、+6 价离子或由它们组成的复合离子，m 通常为一整数，对应于类钙钛矿层 $(A_{m-1}B_mO_{3m+1})^{2-}$ 中氧八面体的层数，常见铋层状氧化物中 m 的值为 1~5，当 m 较大时已很难获得纯相。图 2.10 为 $m=1$~4 时铋层状结构氧化物的晶体结构示意图。属于铋层状结构的化合物有 Bi_2WO_6($m=1$)、Bi_3TiNbO_9($m=2$)、$Bi_4Ti_3O_{12}$ ($m=3$)、$SrBi_4Ti_4O_{15}$($m=4$) 等。

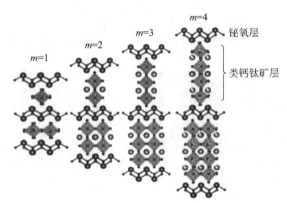

图 2.10 铋层状氧化物晶体结构示意图（$m=1$~4）

2.2.5 钨青铜氧化物晶体结构

钨青铜氧化物与钙钛矿氧化物的结构有相似性，晶体也是以氧八面体为基本结构单元，其中四方钨青铜结构（tetragonal tungstenbronze，TTB）是最常见的、应用最为广泛的钨青铜铁电氧化物晶体结构。钨青铜氧化物的化学式为 $A_6B_{10}C_4O_{30}$，该结构通式可细化为 $[(A1)_2(A2)_4C_4][(B1)_2(B2)_8]O_{30}$，式中 A1 的配位数为 12，A2 的配位数为 15，C 的配位数为 9，B1 和 B2 配位数为 6。A1 和 A2 位通常被半径较大的 Ca^{2+}、Sr^{2+}、Ba^{2+}、Pb^{2+}、Na^+、K^+ 等离子占据，可以全充满或部分充满；B1 和 B2 位通常被半径较小的高价离子 Nb^{5+}、Ta^{5+}、Ti^{4+} 等占据；C 位可以填充，也可以空缺，可由半径较小的 Li^+ 占据。图 2.11 为钨青铜结构沿 c 轴方向的投影图。在钨青铜氧化物晶体结构中，氧八面体基元以共角模式相连，网络间隙可以分为三棱柱、四棱柱和五棱柱。根据间隙位置的填充情况，可以将钨青铜氧化物分为 3 类：完全填满型结构（全部间隙位置，即 6 个 A1、A2 位置和 4 个 C 位置都被阳离子完全占据，如 $K_3Li_2Nb_5O_{15}$）；填满型结构（6 个 A1、A2 位置全部被阳离子占据而 C 位置全空，如 $Ba_6Ti_2Nb_8O_{30}$）；非填满型结构（6 个 A1、A2 位置没有全部被阳离子占据且 C 位置全空，如 $Sr_{1-x}Ba_xNb_2O_6$）。偏铌酸铅 $PbNb_2O_6$ 是国际上最早发现的钨青铜型铁电体，因为只有 5 个 Pb^{2+} 能占据 A1 和 A2 位置，因此 A 位未被填满，属于非填满型结构。$PbNb_2O_6$ 的居里温度高达 570℃，具有很强的抗退极化性能，在超声无损检测、医学诊断及水听器等领域有着重要应用。

图 2.12 以均含有 $[NbO_6]$ 八面体基元的三类铌酸盐铁电体——$KNbO_3$、$K_{0.5}Bi_{2.5}Nb_2O_9$

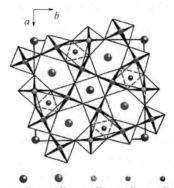

图 2.11 钨青铜结构沿 c 轴方向的投影图

和 $KSr_2Nb_5O_{15}$ 为例,展示出钙钛矿结构、铋层状结构和钨青铜结构的基元组装差异。$KNbO_3$ 是钙钛矿结构氧化物,$[NbO_6]$ 基元以共角模式相连并在三维空间延展;$K_{0.5}Bi_{2.5}Nb_2O_9$ 是铋层状结构氧化物,$(K_{0.5}Bi_{2.5}Nb_2O_7)^{2-}$ 钙钛矿层($m=2$)和 $(Bi_2O_2)^{2+}$ 层沿 z 轴方向交替排列;$KSr_2Nb_5O_{15}$ 是四方钨青铜结构(TTB)氧化物,$[NbO_6]$ 基元以共角模式相接,基元互联网络中的五边形间隙和四边形间隙中的 A1 和 A2 位置被 Sr^{2+} 和 K^+ 占据。

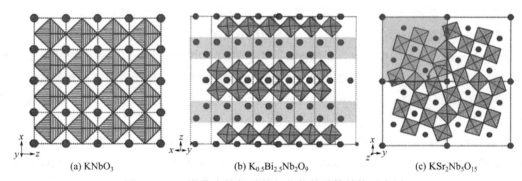

图 2.12 三类代表性铌酸盐氧化物的晶体结构示意图

2.3 多晶与多相组织特征

2.3.1 电子陶瓷的固溶结构

固溶体是指溶入含有另一类物质的晶体,第二类物质(溶质或杂质)在基质(溶剂或母质)中呈原子状态分散的一类物质。溶质可以不止一种而且可同时存在,但必须总体上保持基质的原有晶型结构。对于电子陶瓷,其固溶体的结构类型按照溶质原子在基质晶格中的排布方式,可以分为等数置换型固溶体、缺位置换型固溶体和填隙置换型固溶体三类。

(1)等数置换型固溶体

等数置换型固溶体分为简单等价置换固溶体和组合等价置换固溶体两类。对于简单等价置换固溶体，引入的杂质离子与被取代的基质离子等价。例如，$CaSnO_3$ 溶于 $BaTiO_3$ 属于简单等价置换固溶体，Ca^{2+} 居于 Ba^{2+} 位，Sn^{4+} 居于 Ti^{4+} 位。对于组合等价置换固溶体，引入的杂质离子与被取代的基质离子不等价，但是经过加和平均后等价，因而仍为等数置换。例如，$NaNbO_3$ 溶于 $BaTiO_3$ 属于组合等价置换固溶体，Na^{1+} 居于 Ba^{2+} 位，Nb^{5+} 居于 Ti^{4+} 位，正离子总价数仍为 6。

(2) 缺位置换型固溶体

缺位置换型固溶体是不等价置换的结果，对于氧化物电子陶瓷，主要分为正离子缺位置换型固溶体和氧离子缺位置换型固溶体两类。对于正离子缺位置换型固溶体，引入的杂质正离子电价比被取代的基质正离子电价高，导致出现金属离子缺位以维持电中性。例如，在 MgO 中引入 Al_2O_3，由于 Al^{3+} 比 Mg^{2+} 的电价高，每引入一个 Al_2O_3 将产生一个 Mg 缺位。对于氧离子缺位置换型固溶体，则是引入的杂质正离子比被取代的基质正离子电价低，这种情况通过减少格点氧离子来获得电价平衡。例如，在 ZrO_2 中引入 CaO，由于 Ca^{2+} 比 Zr^{4+} 的电价低，每引入一个 CaO，则伴随着在 ZrO_2 中出现一个氧离子缺位（氧空位）。

(3) 填隙置换型固溶体

填隙置换型固溶体也是不等价置换的结果，可分为三种结构：正离子填隙型置换固溶体，氧离子填隙型置换固溶体和非化学计量比的正离子填隙固溶体。对于正离子填隙型置换固溶体，当引入低价正离子时，可能出现氧离子缺位，但这不是唯一的结果。当低价正离子尺寸足够小时，氧离子仍将占据全部负格点，而正格点中容纳不完的低价正离子，将安排在氧多面体构成的配位间隙中。例如，在一些硅酸盐结构中，当 Li^+ 和 Al^{3+} 同时被引入取代 Si^{4+} 时，Al^{3+} 将居于氧四面体中，而低价离子 Li^+ 将居于填隙位置。对于氧离子填隙型置换固溶体，当引入高价正离子时，如基质结构中有足够宽的间隙，则所带来的过量氧离子，可以挤入填隙位置。例如在 Y_2O_3 中引入 ZrO_2，出现填隙氧。不过由于氧离子半径较大，填隙的情况极少出现。对于非化学计量比的正离子填隙固溶体，当某些金属氧化物在还原性气氛中烧结时，由于氧不足而产生正离子过剩，则可通过氧缺位和正离子降价来得到电荷平衡，也可以使氧离子尽量填满原有格点，而将过剩的正离子挤到填隙位置上去，其前提条件是要有足够大的间隙位置。例如对于六角晶系的 ZnO，其中未填充的氧四面体间隙较多，过剩锌常可填隙。

对于固溶体，按照溶质在溶剂中的溶解特性可以分为有限固溶体和无限固溶体两类，其中有限固溶体中存在固溶限，大于固溶限时溶质将以第二相的形式存在，即此时整个体系是两相机械混合共存。一种结构稳定的固溶体的形成，受到多种条件的限制。基于大量实验观察与数据分析，可以得出如下固溶体形成规则，这些规则对于电子陶瓷的研究具有指导意义。

(1) 半径比关系

在结构不变的前提下，半径相近的离子易形成置换固溶。溶质离子半径差异太大，将带来大量的缺陷形变能，不利于获得稳定的能量态。经验证明当离子半径比满足下式时，才能形成固溶：

$$1 - r_A/r_B < 30\% \tag{2-2}$$

式中，r_A 为小的离子半径；r_B 为大的离子半径。比差越小越能稳定固溶体或固溶限越大。通常，只有比差小于15%时才有可能无限固溶，即彼此连续互溶；比差在15%~30%之间时，只能有限固溶；比差大于30%时，基本上不能固溶。

（2）结构因素

不同的晶体结构，具有不同的配位间隙和晶格场。只有晶体结构相同时，才能使两类或两类以上的物质形成无限固溶。例如，MgO和NiO晶体结构类型相同，因此可形成无限固溶体。此外，晶体结构越开阔，空余配位间隙越大，越有利于形成填隙固溶。

（3）离子键型

键型相似的物质有利于固溶，这是因为它们对于配位环境有相似的要求，不至于引起缺陷能的大量增加。例如，Si-Al，Ca-Sr-Ba-Pb，Fe-Co-Ni，Ti-Zr，Nb-Ta间的置换皆属此类。此外，离子的外层电子构型也有影响，外层电子数为8的惰性气体型离子，其构型与外层电子数为18的铜离子型离子不同，它们与负离子之间的相互作用，如极化、电子云渗透情况有较大差别，因而即使半径相近也难于置换。

（4）温度因素

温度升高，使得质点热运动加剧，配位间隙加大，同时有可能转变为更加开放的晶型结构，因而温度升高有利于固溶限增加或使一些难于固溶的物质有所固溶。在降温过程中，出现超过固溶限的溶入物在达到平衡条件时重新析出，即脱溶现象。但是，在常规电子陶瓷烧结的降温过程中，这种平衡条件往往难于完全达到，因而这类超过固溶限的结构在电子陶瓷中极为常见。

2.3.2 电子陶瓷的显微组织

电子陶瓷是由粉体经成型烧结而成的多晶多相材料，主要用于构建各类电子元器件。图2.13为不同尺度对应的电子陶瓷研究关注点示意图。宏观尺度层面主要关注以电子陶瓷为核心材料制造的电子元器件的工程应用，包括线路组装与服役行为等；在纳米及更低的原子尺度则主要关注晶体结构及缺陷态；而作为中间桥接的微米和亚微米尺度是电子陶瓷材料科学家研究的重点，在这一尺度范围内，电子陶瓷呈现出极为丰富的、以多晶多相为特征的显微组织形态。

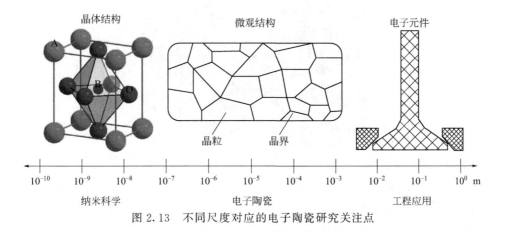

图2.13 不同尺度对应的电子陶瓷研究关注点

电子陶瓷的性能主要取决于材料成分与组织结构。电子陶瓷显微组织中常见的结构类型有晶相、晶界、相界、玻璃相和气相。

晶相是陶瓷主体，由晶粒组成。晶粒内部质点呈规则排布，属于基本完整的有序结晶体，对陶瓷的电学特性起主导作用。晶界与相界都属于界面结构，概念有所差异。晶界是同类物质的晶粒间界，偏离原晶格规律的过渡性结构，一般为原子无序区。图 2.14 为代表性的钙钛矿型压电陶瓷内部组织结构的扫描电镜（SEM）照片，从中可以清晰地看到晶相与晶界结构。在电子陶瓷的烧结过程中，晶粒是以各自为核心生长的。到了后期，晶粒长大至相互接壤，共同构成晶界。由于晶界结构不如晶粒内紧凑、规律，故往往也是容纳各类杂质的区域。随着晶粒尺寸的减小，晶界所占的体积浓度将迅速增加，会显著影响陶瓷的电学性能。

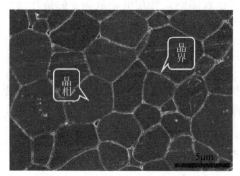

图 2.14　钙钛矿型压电陶瓷内部组织结构 SEM 照片

相界与晶界的不同之处在于相界是不同类物质（异相）的晶粒间界。异相物质之间，因成分、结构、键特性的不同，电学性能会有较大差异。例如，在钙钛矿型压电陶瓷的制备过程中，如果工艺控制不当，常会出现焦绿石相。图 2.15 为代表性的压电陶瓷内部焦绿石相与钙钛矿相共存结构的 SEM 照片。相比于钙钛矿相，焦绿石相的电学性能较差，因而在压电陶瓷制备过程中应尽量避免出现焦绿石相。但是，有时也可以基于相界设计，利用不同物相性能的耦合关系构建新型电子陶瓷器件，这时多相共存就变得有意义了。

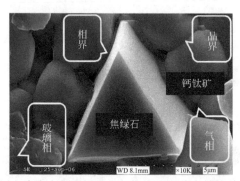

图 2.15　压电陶瓷内部焦绿石相与钙钛矿相共存结构的 SEM 照片

玻璃相是无定形体，一般指结构上与液体连续，质点（原子或离子）无规则排列（近程有序）的固体，有时也称为"过冷液体"。玻璃相常出现于晶界处，由于一些玻璃相能润湿、包裹于晶粒周围，使之黏结成致密结构，因而在陶瓷烧结时，有时也会外加玻璃相作为烧结助剂。但是，电子陶瓷体内的玻璃相含量一般不宜过高，否则会对电学性能产生不利影响。

此外，电子陶瓷因工艺不当导致烧结不致密，内部会出现残留的封闭气孔，即有气相存在。图2.16为代表性的未烧结致密的电子陶瓷内部气孔结构的SEM照片。这类气孔的存在不仅影响电子陶瓷的力学加工特性，而且通常形成损耗与散射中心，影响电子陶瓷的电学与光学特性。对于大多数电子元件用电子陶瓷，人们希望烧结体的气孔率越低越好，这样有利于获得力电特性优异的高致密度陶瓷材料。对于陶瓷烧结体，一般采用阿基米德法（排水法）测试其实际体积密度，并通过将实测密度数值与理论密度相比较来评价电子陶瓷的致密程度。烧结极致密的陶瓷，相对密度通常大于99%。

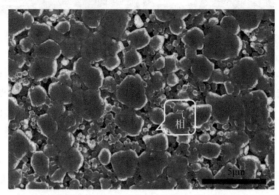

图2.16 未烧结致密的电子陶瓷内部气孔结构的SEM照片

在一些特殊情况下，出于构建多孔陶瓷发展相关电子元器件的目的，有时也会人为在陶瓷体内构造有序气孔来实现特定功能。图2.17为采用冷冻铸造法制备的$Pb(Zr,Ti)O_3$基压电陶瓷内部有序气孔结构的SEM照片。将这类多孔陶瓷与弹性有机体PDMS进行封装，可以构建出应用于振动能量收集的柔性压电能量收集器。

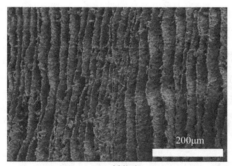

(a) 低倍率　　　　　　　　　　　　　(b) 高倍率

图2.17 不同放大倍率下$Pb(Zr,Ti)O_3$基多孔陶瓷的SEM照片

此外，对于具有自发极化特性的铁电陶瓷，内部含有大量电畴。电畴与晶粒概念不同，是特指铁电体内自发极化方向一致的微小区域。一般情况下，铁电陶瓷晶粒内部含有多个电畴。对电畴构型的观测需要用到一些特殊的电镜技术。例如，压电力显微镜（PFM）可以通过检测样品在外加激励电压下的电致形变量来确定电畴构型。图2.18(a)和(b)分别为$(Ba,Ca)(Ti,Zr)O_3$基铁电陶瓷的SEM照片和PFM照片。根据SEM照片，可以确定铁电

陶瓷的晶粒晶界组织结构；根据 PFM 照片，则可以确定铁电陶瓷内部的电畴构型。

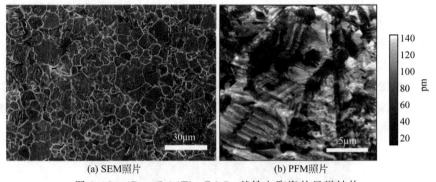

图 2.18 （Ba，Ca）(Ti，Zr)O_3 基铁电陶瓷的显微结构

需要说明的是，电子陶瓷的显微组织照片虽然能够提供丰富的微结构信息，但是仍有很大的局限性。无论是扫描电镜还是透射电镜，其所体现的观察区域主要集中在微米或者纳米尺度，这种极小观察区域的选择，加之观测者可能带有的主观因素，未必能代表陶瓷样品的整体结构。特别是陶瓷的表面、表层与内部区域，其显微结构一般会有较大差别；而当烧结炉中有一定温度场分布时，陶瓷的显微结构也会因部位而异。因此，充分认识和分析与陶瓷显微结构相关的影响因素，在选样、制样、观测及解析时，就可以避免不少片面性。

习题

1. 简述化学键与电负性的关系。
2. 以 BaO 为例，指出岩盐型晶格结构的排列特点。
3. 绘制 $KNbO_3$ 的钙钛矿型晶体结构示意图（以 Nb^{5+} 为中心）并分析不同离子的配位特点。
4. 简述钙钛矿结构、铋层状结构和钨青铜结构的异同点。
5. 列举电子陶瓷的固溶体类型并分析其结构特征。
6. 陶瓷晶粒间界是如何形成的？晶界和相界有何异同？
7. 如何准确测量陶瓷的体积密度并评价其致密程度？
8. 通过资料调研，给出铋层状氧化物在电子陶瓷元器件中的应用实例。

参考文献

[1] 周公度. 化学辞典. 北京：化学工业出版社，2004.
[2] 李标荣，王筱珍，张绪礼. 无机电介质. 武汉：华中理工大学出版社，1995.
[3] 王零森. 特种陶瓷. 第二版. 长沙：中南大学出版社，2005.
[4] 侯育冬，朱满康. 电子陶瓷化学法构建与物性分析. 北京：冶金工业出版社，2018.
[5] Hao Y J, Hou Y D, Fu J, Yu X L, Gao X, Zheng M P, Zhu M K. Flexible piezoelectric

energy harvester with an ultrahigh transduction coefficient by the interconnected skeleton design strategy. *Nanoscale*, 2020, **12**: 13001-13009

[6] Yan X D, Zheng M P, Sun S J, Zhu M K, Hou Y D. Boosting energy harvesting performance in (Ba, Ca)(Ti, Zr)O_3 lead-free perovskites through artificial control of intermediate grain size. *Dalton Trans.*, 2018, **47**: 9257-9266.

第 3 章

电子陶瓷工艺原理

3.1 电子陶瓷工艺概述

陶瓷是具有多晶多相结构的无机烧结体材料，其制备工艺主要包括制粉、成型和烧结等流程。陶瓷的性能主要决定于其成分和结构。对于应用于电子技术方向的电子陶瓷，提升其性能主要从两方面入手，包括：a. 组成设计：根据目标功能需求，设计材料组成配方，包括不同组元的复合与元素掺杂等，以提升电子陶瓷的内在品质；b. 工艺优化：选取合理的电子陶瓷工艺路线，通过全流程精细控制，调节材料的显微组织结构，达到获得优质电子陶瓷材料的目的。

以典型的 $Pb(Zr，Ti)O_3$ 基压电陶瓷为例，电子陶瓷的制作工艺流程图如图 3.1 所示。从图中可以看到，电子陶瓷制作工艺流程主要包括制粉工艺、成型工艺和烧结工艺三部分。对于电子陶瓷，当组成配方确定之后，能否达到预期的电学性能，关键取决于工艺流程。因此，电子陶瓷工艺研究在电子陶瓷科学中占有极其重要的地位。

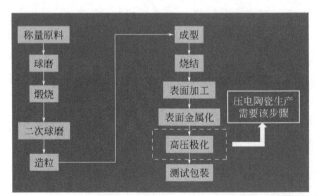

图 3.1 典型 $Pb(Zr，Ti)O_3$ 基压电陶瓷元件制作工艺流程图

3.2 电子陶瓷原料处理

3.2.1 电子陶瓷原料类型

电子陶瓷原料是电子陶瓷及相关元器件制造的基础,对于性能起着极其重要的作用。选取电子陶瓷原料,需要明确其化学组成与颗粒度。

(1) 化学组成

化学组成主要包括原料的纯度、杂质种类与含量、晶相结构、含水量等。电子陶瓷在制备过程中,应尽量选取高纯原料,以避免杂质对电学性能的不利影响。即使原料的化学式相同,生产厂家不同,合成提纯工艺有所差异,原料中杂质的种类也会有很大不同,这一点需要特别注意。对于已经成熟的电子陶瓷工艺路线,变更原料生产厂家及技术指标应多做技术论证,以防止电子陶瓷成品性能出现劣化,造成损失。此外,一些原料具有不同的晶相结构,原料中晶相种类及组成的差异,也会对后期电子陶瓷的制备及性能产生重要影响。例如,TiO_2 有金红石、锐钛矿和板钛矿等多种晶相,不同晶相电学性能有很大差异。一些混相原料在高温热处理过程中会出现相转变行为,在设计工艺路线时需要考虑该因素。原料中的含水量也需要重视,特别是对易于吸潮的原料,在配料前一定要做烘干处理,以防最终合成的电子陶瓷产品因出现元素计量比偏差而造成性能劣化。

(2) 颗粒度

颗粒度包括粉体粒径、粒度分布与颗粒外形等。颗粒度主要决定原料的活性和可成型性。超细粉体的比表面积大,烧结活性强,有利于细晶结构电子陶瓷材料的高效合成。当前,电子元器件的发展趋势是轻薄短小,对于基于流延成型工艺的片式多层电子陶瓷元器件,选取粒度均一的超细电子陶瓷粉体十分重要,这有利于减小流延介质膜的厚度,提高单位体积内的介质膜叠层数,大幅提升元器件电学性能。例如,对于在电子线路中广泛使用的多层陶瓷电容器,选用纳米粉体能够完成超薄膜流延成型。目前,工业领域已经实现叠层数突破 1000 层,膜厚小于 $1\mu m$ 的微型大容量多层陶瓷电容器的商业制造,大大推动了电子设备整机的小型化。纳米粉体作为原料使用时需要特别注意团聚问题,可以采用表面处理技术提升其分散性。此外,纳米粉体颗粒外形不同(如纳米球、纳米块、纳米片、纳米棒等),粉体的可成型性和烧结特性也不同,需要在生产中加以注意。

电子陶瓷原料可分为天然原料和化工原料两大类。

(1) 天然原料

天然原料主要指原矿品,是直接来源于大自然未经精细化工提炼的原料,如黏土、石英、菱镁矿和刚玉矿等。天然原料的特点是含杂质较多,因而使用前必须经过一套处理工艺,如分拣、破碎、淘选等。目前,在电子陶瓷工业生产中,使用天然原料的情况并不多。但是,由于天然原料价格便宜,在一些特定情况下,只要产品性能符合相应的技术标准和应用要求,生产中也会挑选和使用纯度尽可能高的天然原料,以降低制造成本。

下面列举两类典型的天然原料:黏土、石英。

黏土是自然界中存在的松散、膏状、含有多种微细矿物的混合体,其主要成分是含水的铝硅酸盐矿物。黏土具有良好的可塑性和黏合性，加水后成为软泥，能进行塑性成型，烧结后又变得致密坚硬。Fe_2O_3、TiO_2等是黏土类原料中的有害杂质，使坯体在烧成时产生熔洞、斑点等缺陷，影响瓷体的电绝缘性。

石英是一种结晶状的SiO_2矿物，存在多种形态，如水晶、玛瑙、石英岩（石英多晶体）等。石英是由[SiO_4]互相以顶点连接而构成的三维空间架状结构。由于以共价键方式连接，石英具有结构紧密、空隙小等特点，其它离子不易侵入网穴中，因而硬度与强度高，熔融温度也高。石英在电子陶瓷制备中主要起着骨架作用，能够提高陶瓷的机械强度，绝缘性能、化学稳定性及抗腐蚀性等。

（2）化工原料

与天然原料不同，化工原料是经专业厂家通过化学方法提炼精制而得到的精细原料，通常标有多个等级和含杂量，是当前电子陶瓷工业生产中最常用的原料。化工原料包括氧化物，如TiO_2、ZrO_2、Pb_3O_4、Nb_2O_5、Al_2O_3、Bi_2O_3、CaO等；也可以使用盐类、氢氧化物等，如$BaTiO_3$、$CaTiO_3$、$PbZrO_3$、$KNbO_3$、$CaCO_3$、$Mg(OH)_2$、$Mn(NO_3)_2$等。早期电子陶瓷的生产主要选取基于化学试剂标准的化工原料，这些标准包括优级纯、分析纯和化学纯等。随着电子陶瓷工业的进步，为了满足高性能电子元器件的制造需求，一些专用电子级化工原料应运而生并得到快速发展。相比于天然原料，化工原料的特点是纯度和物理特性可控，工艺一致性好。此外，需要注意的是化工原料中的杂质并非都有害，有的杂质能与主成分形成低共熔物促进致密化烧结，有的则能基于缺陷化学机制作为离子补偿剂提高陶瓷的电学性能。

化工原料可以简单划分为初级原料和次级原料。初级原料一般不能直接用于电子陶瓷成型和烧结（反应烧结除外），必须预先通过制粉工序加工成与目标电子陶瓷物相相同的次级原料。例如，对于$BaTiO_3$基电容器瓷，$BaCO_3$与TiO_2属于初级原料，通过二者的化学反应合成次级原料$BaTiO_3$，再进行后续成型与烧结。次级原料可以选用常规固相法或化学法工艺合成，一些先进的制粉技术可以做到次级原料化学组成和颗粒度的精确控制。目前，一些专业厂家已经可以根据不同类型电子陶瓷元器件的应用需求，生产出高质量的配方粉，这类次级原料的技术含量高，能够直接应用于先进电子陶瓷元器件的工业制造。

3.2.2 电子陶瓷原料粉碎

作为电子陶瓷的原料，粉体粒径通常要求在纳/微米尺度范围内。粉体的粒度越细，则其可成型性越佳。例如，当采用挤制、扎膜、流延等方法成型时，只有当粉体具有一定细度，才能使浆料达到必要的流动性、可塑性，才能保证制出的素坯体有足够的光洁度、均匀性和良好的机械强度。此外，粉体的粒度越细，其烧结特性越好。例如，对于烧结温度较高的电子陶瓷，如Al_2O_3、PZT瓷，选取超细电子陶瓷粉体，有利于在低温下实现陶瓷的高致密化。因而，实现原料的超细粉碎有重要的工程应用价值。

粉碎是一种由机械能转化为表面能的能量转化过程，即粉碎机械的动能或所做的机械功，通过与粉料之间的撞击、碾压、摩擦，将粉料砸碎、破裂或磨去棱角等，使粉体的比表面积增加，因而表面自由能增加。对粉料进行粉碎处理需要考虑粉碎效率和混杂等问题。粉碎效率高，是指粉体经粉碎处理达到某一细度时，所耗费的能量少、时间短。混杂是指在粉碎过程中，粉碎机械与粉料相接触部分出现的磨损物质及其混入粉料中的情况。这些杂质中有些会对陶瓷的电学性能产生危害，需要加以注意。

典型的粉碎技术有球磨、振磨、砂磨、胶体磨、气流磨等。其中，球磨、振磨和砂磨是电子陶瓷工业中使用极为广泛的粉碎技术。

（1）球磨技术

球磨是通过球磨机来完成的。球磨机是一种内装一定数量磨球的旋转筒体，其结构与工作原理如图3.2所示。球磨机工作时，筒体旋转带动磨球旋转，靠离心力和摩擦作用，将磨球带到一定高度，当离心力小于自身重力时，磨球下落，撞击下部磨球或筒壁。介于其间的粉料，因受到撞击或碾磨，达到粉碎的目的。球磨机对粉料所做的功主要分为两类：一是磨球相互之间以及磨球与筒体之间的摩擦滚碾；二是磨球下落时因重力作用所产生的撞击功。

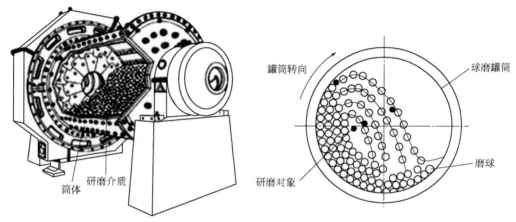

图3.2 球磨机结构与工作原理

提升球磨机的工作效率，可从以下几点入手。

① 筒体转速 转速提升有利于增加磨球切线加速度，提高粉碎效率。但是，转速过快则会因离心作用产生的径向压力太大，导致磨球紧贴筒壁，失去撞击滚碾功能。球磨机最佳转速与筒体直径、磨球种类、助磨液体含量、粉料性质及装载量等因素有关。

② 球磨时间 球磨机是间歇操作模式，其做功方式主要是自由落体和摩擦滚碾，通常需要连续工作12～48h甚至更长时间，以达到所需的粉料粒度。球磨时间的选择，与待加工粉料初始粒度、硬度，磨球材质、尺寸，筒体大小和转速快慢等因素有关。

③ 磨球特性 磨球材质不同，研磨效率不同。磨球密度越大、越坚硬，效果越好。常用的磨球材质有氧化锆、碳化钨、刚玉和玛瑙等，具体选用磨球时还须考虑研磨掺杂等因素。此外，不同形状（球状、短棒）的磨球和尺寸合理搭配有利于提升研磨效率。

④ 干磨湿磨 干磨时球磨罐内只放磨球和粉料，主要针对一些易于发生水解或醇解的粉料；湿磨时除粉料和磨球外，还会加入水或乙醇等液体助磨，以提升研磨效率。

湿磨不仅须注意粉料、磨球、液体助剂比例，还应注意后续干燥过程中防止粉料分层。

为了克服传统球磨机临界转速的限制，发展了高效率的行星磨机，其工作原理如图3.3所示。行星磨机通常采用四只相同重量的球磨罐，对称放置于同一旋转的圆盘上，工作时各个球磨罐不仅绕圆盘中心以角速度 ω_1 进行"公转",同时也绕自身轴线以角速度 ω_2 进行"自转",这种运行模式类似于天体行星运动,故名行星磨机。当公转速度足够大时,离心力大大超过地心引力,自转角速度也相应提高,因而磨球不至于贴附罐壁不动,显著增强撞击或碾磨功能,大幅提升粉料的研磨效率。需要注意,操作行星磨机时要保证圆盘上对称放置的球磨罐重量相同,以避免磨机高速转动时机械装置出现损伤及产生安全问题。

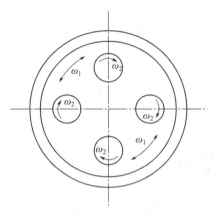

图 3.3 行星磨机工作原理

ω_1—公转角速度;ω_2—自转角速度

球磨机除了具有粉碎研磨功能外,也常用于电子陶瓷配方原料的均匀混合与流延成型用浆料的制备。

(2) 振磨技术

振动磨是通过机械振动使磨球产生很强的惯性力,从而使磨球间及磨球与磨筒间产生激烈的冲击、摩擦等作用力,达到细化粉料的目的。振动磨的工作原理如图 3.4 所示,装有粉料及磨球的磨筒固定于工作台,整个工作台置于弹簧支架上。工作时,电动机带动偏心轮转动,使弹簧上的磨筒产生振动,筒内的物料和磨球也跟着振动,并发生沿磨筒的循环运动和料球的自身转动。当振动频率很高时,上述运动会非常剧烈,磨球对粉料的研磨和撞击作用很强。因为粉料的结构总是存在缺陷,这些缺陷在机械振动下迅速扩大,导致粉料沿着结合最薄弱处发生疲劳破坏。振动磨能把粉料粉碎到 $0.1 \sim 10 \mu m$。粉料细度和粉碎效率与振动频率、振幅大小、振动时间等因素有关。振动磨也分为干磨和湿磨两种,加入分散介质的湿磨效果通常优于干磨。

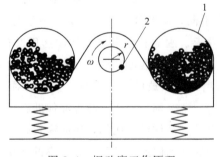

图 3.4 振动磨工作原理

1—磨筒;2—偏心激振装置

（3）砂磨技术

砂磨机主要由固定的磨筒和旋转的搅拌棒构成，搅拌棒的横臂均匀分布在不同高度上，并互成一定角度。砂磨机的工作原理如图3.5所示，工作时，磨筒并不转动，磨球与物料的运动是通过带有横臂的中心搅拌棒高速转动实现的。磨球与物料一起螺旋上升，到了上端后在中心搅拌棒周围产生旋涡，然后沿轴线下降，如此循环往复。通过球与球、球与磨筒之间的滚碾摩擦实现粉料的细化。砂磨技术常用于超细粉碎，所得粉料具有粒径小、呈圆球形、流动性好等优点，特别适用于电子陶瓷元器件的轧膜、挤制和流延成型。此外，砂磨可连续操作也可以间歇操作，效率很高。但是，磨筒、磨球和旋转的搅拌棒在磨料过程中可能会发生一定程度磨损而磨损杂质会进入粉料中，带来产品质量问题，这一点需要特别注意。

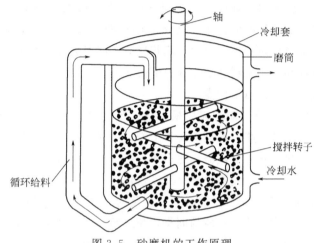

图 3.5　砂磨机的工作原理

3.3　电子瓷料合成工艺

3.3.1　常规合成方法

在电子陶瓷工业中广泛采用的瓷料合成方法是固相煅烧法，即预烧法。其合成原理是将按化学计量比混合均匀的原料，经过一次或多次高温煅烧作用，产生必要的预反应，形成所需晶相的目标粉体。例如，铁电体 $BaTiO_3$，反铁电体 $PbZrO_3$ 和微波介质 $ZnNb_2O_6$ 粉体的常规合成可以按照如下反应式进行：

$$BaCO_3 + TiO_2 =\!=\!= BaTiO_3 + CO_2 \uparrow$$

$$2Pb_3O_4 + 6ZrO_2 =\!=\!= 6PbZrO_3 + O_2 \uparrow$$

$$ZnO + Nb_2O_5 =\!=\!= ZnNb_2O_6$$

根据化学热力学原理，原料间的固相反应一般在常温常压下难以进行或者反应很慢，因此需要高温煅烧以加速反应进行。以原料 A 和 B 发生固相反应生成产物 C 为例，固相煅烧法的基本原理如图3.6所示。

对于固相反应，首先是在反应物颗粒界面上或与界面邻近的晶格中生成产物晶核。然

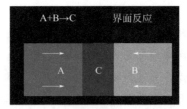

图 3.6 固相煅烧法原理图

而,由于生成的晶核与反应物结构不同,成核反应需要通过反应物界面结构的重新排列完成,实现该过程是有困难的。同样,要进一步实现在晶核上的产物晶体生长也有相当大的难度,因为原料晶格中的离子分别需要通过各自的晶体界面进行定向扩散,才有可能在产物晶核上进行晶体生长,并使原料界面间的产物层加厚。由此可见,固相反应发生的必要条件是:不同原料汇合在一起能够共同作用,且只有当参与反应的物质不断穿透反应生成物与另一物质相遇时反应才能持续进行下去。对于固相反应,高温煅烧有利于扩散和反应过程的持续进行,因此大多数固相法制备粉体须在高温下完成。

固相煅烧法的实施须注意以下两点。

① 原料称量与预处理 在投料前需要根据目标产物的化学式和产量精确计算并准确称量各个原料。对于易吸潮的原料,前期需要做干燥预处理;对于含有易挥发性元素(如碱金属、铅、铋等)的目标化合物合成,需要适当加入过量相关原料,以弥补高温煅烧引起的元素含量缺失;精确配制原料时,还需要进行纯度校正。

② 原料混合与煅烧 不同原料的混合均匀程度对于合成高质量产物至关重要。在高温作用下,没有传递到和异类物质相反应的同类粉粒之间,会出现烧结行为,导致同类晶粒长大,反应活性降低。实现原料均匀混合可使用球磨机等装置完成。此外,在确保合成目标物相的前提下,煅烧温度应尽可能低以得到高活性粉料。

固相煅烧法制得的粉料仍需经过二次研磨处理以获得粒度均匀的粉体,便于后续成型与烧结。固相煅烧法的优点是工艺简单、成本低廉,适宜于工业化规模生产,但缺点是由于固相反应在粒子界面上进行,常会出现反应不完全和成分不均匀的情况。同时,高温煅烧易导致产物颗粒尺寸较大,难以获得高活性超细粉体。此外,对于在电子陶瓷改性中常用的掺杂方法,基于固相煅烧工艺的掺杂也很难做到均匀一致,尤其是微量掺杂,不可能达到完全均匀。

3.3.2 化学合成方法

针对常规固相煅烧法的各种缺点,能够精确控制目标粉体组成与结构的化学合成方法引起广泛关注,并在高品质电子陶瓷粉体制备方面得到重要应用。采用化学合成方法不仅可以实现形貌可控的超细粉体合成,而且能够在电子陶瓷掺杂改性中确保微量添加物在基体中的均匀分布。化学合成方法种类繁多,这里主要介绍高能球磨法、共沉淀法、溶胶凝胶法、水热法和熔盐法。除高能球磨法外,其余四类方法因在反应过程中均基于液相介质来实现原料在分子和原子层面的精确混合并促进反应高效进行,通常也被称为液相法。

(1) 高能球磨法

高能球磨法是基于机械化学反应原理的粉体制备方法,可实现超细电子陶瓷粉体的快速合成。常规球磨技术使用的球磨机转速较低，主要用于实现原料的均匀混合与粉碎研磨，在球磨过程中一般无化学反应发生。由于磨球的动能是质量与速度的函数，高能球磨法通过大幅提升球磨机转速，显著增强磨球动能并增加磨球与物料的撞击频率，从而诱发机械化学反应发生。高能球磨制备过程中的反应机理非常复杂，通常认为与原料颗粒尺度的快速细化和局部碰撞点的温升有关。在高速球磨过程中，原料粉末因磨球强烈碰撞而迅速细化，甚至达到纳米级，反复破碎和焊合使得粉体缺陷密度增加，产生晶格缺陷与晶格畸变。由于表面化学键断裂出现不饱和键、自由离子和电子等，导致物质反应的平衡常数和反应速度常数显著增大，促进化学反应的进行。同时，在高能球磨过程中，虽然磨罐内的温度一般不超过70℃，但因磨球剧烈撞击所引起的局部碰撞点温升要大大高于70℃，这样的温度将足以诱发纳米尺度的机械化学反应，生产目标产物。

图3.7为简化的高能球磨法原理图。

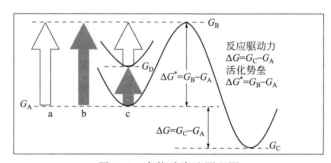

图 3.7　高能球磨法原理图

a—固相煅烧法（作参照）；b—高能球磨法；c—高能球磨辅助煅烧法

根据化学热力学原理，化学反应的驱动力为 $\Delta G = G_C - G_A$，其中 G_A 和 G_C 分别表示反应物和产物的自由能。对于电子陶瓷粉体的合成，反应过程中要经历活化态 G_B 才能生成目标产物，因而必须获取高于活化势垒 $\Delta G^* = G_B - G_A$ 的能量才能使固相反应顺利进行。常规固相煅烧法通过外部热源提供能量用于克服活化势垒 ΔG^*。高能球磨法没有外部热能供给，目标产物的合成主要通过机械化学反应完成。当高能球磨的累积动能等于或大于活化势垒 ΔG^* 时，反应进行并生成目标产物。但是，如果高能球磨达到中间态 D 时累积的动能 $G_D - G_A$ 不足以克服活化势垒 ΔG^*，则不会诱发机械化学反应，此时整个球磨过程只是对原料起到活化作用。若要获得目标结晶相产物，仍需要进一步煅烧处理以补偿缺失的能量，这被称为高能球磨辅助煅烧法。相对于常规固相煅烧法，经过活化的前驱体反应活性较高，因而高能球磨辅助煅烧法的成相温度会有一定程度的降低。

【案例】 $NaNbO_3$ 纳米粉体的高能球磨法合成。

按计量比称量 Na_2CO_3 和 Nb_2O_5 原料，将其置于碳化钨球磨罐中，使用直径3mm的碳化钨球，球料比控制在20∶1，并设定高能球磨机转速为800r/min进行干磨处理。经过90min的球磨，可以制得平均粒径为15nm的钙钛矿相 $NaNbO_3$ 粉体。

（2）共沉淀法

共沉淀法属于液相合成方法的一种，其技术原理是针对目标电子陶瓷的元素组成，选取含有多种金属阳离子的易溶性化学原料并将其以溶液状态均匀混合，然后向溶液中加入适量的沉淀剂（OH^-，CO_3^{2-}，SO_4^{2-}，$C_2O_4^{2-}$ 等）（注：也可以反向加入），使各个金属阳离子按化学计量比共同沉淀出来或者在溶液中先反应沉淀出一种中间产物，之后经过固液分离，再将沉淀物煅烧分解从而制备出微细目标电子陶瓷粉料。

共沉淀法简易实验装置如图 3.8 所示。

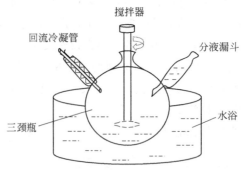

图 3.8 共沉淀法简易实验装置

共沉淀法的关键步骤是如何确定合适的实验条件使得组成材料的多种金属阳离子同时沉淀出来。基于化学溶度积（K_{sp}）的概念，一个有效的方法是通过调节溶液体系的 pH 值实现对沉淀反应过程的有效控制。当溶液体系过饱和，满足 $[M^+][OH^-] \geqslant K_{sp}$ 时，溶液体系中出现微核。当微核进一步长大到某一临界尺寸时，开始形成沉淀。任何影响共沉淀法混合过程的反应条件，如反应物的添加顺序、添加速率、搅拌速率、溶液 pH 值等，都会影响产物计量比的控制、尺寸分布以及形貌特征。

共沉淀法的优点是相对于其它化学方法不需要使用昂贵的合成设备，且原料易得，能够低成本生产出高品质的电子陶瓷粉体。但是，共沉淀的技术难点是整个沉淀的动力学过程十分复杂，颗粒成核与生长不易控制。此外，对于含金属阳离子种类较多的复杂结构电子陶瓷粉体的合成，选取沉淀剂与控制沉淀工艺条件有一定难度。

【案例】 $BaTiO_3$ 纳米粉体的共沉淀法合成。

选用 $BaCl_2$ 和 $TiCl_4$ 为原料，草酸 $H_2C_2O_4$ 为沉淀剂。首先制备含有计量比 $BaCl_2$ 和 $TiCl_4$ 的水溶液，然后加入 $H_2C_2O_4$ 沉淀剂，此时发生沉淀反应生成单相沉淀物 $BaTiO(C_2O_4)_2 \cdot 4H_2O$。经固液分离后，对单相沉淀物进行低温煅烧，制得钙钛矿相 $BaTiO_3$ 超细粉体。

(3) 溶胶凝胶法

溶胶凝胶法是以有机溶剂为液相介质的化学合成方法。该方法常会用到金属醇盐作为金属离子源。金属醇盐是有机醇 R-OH 上的 H 原子被金属 M 所取代的有机化合物 $M(OR)_n$，通常在有机溶剂中具有良好的溶解性。条件许可时，出于降低生产成本的考虑，有时也会使用无机盐来代替金属醇盐。对于溶胶凝胶法，溶胶是指在有机溶剂中分散了纳米粒子（基本单元），且在分散体系中保持固体物质不沉淀的胶体体系；凝胶是指溶胶失去流动性后所得的一种富含液体的半固态物质，其内部是亚微米孔和聚合链相互连接的坚实网络。图 3.9 为溶胶凝胶法的合成机制图。溶胶凝胶法在制备过程中先是将金属醇盐或无机盐溶于有机溶剂中，经部分水解和聚合反应形成均匀稳定的溶胶体系，然后进一步使溶胶缩聚硬化成凝胶，最后再将凝胶干燥、煅烧去除有机成分，得到微细目标电子陶瓷粉料。

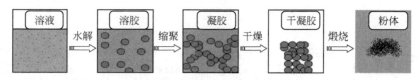

图 3.9 溶胶凝胶法的合成机制图

溶胶凝胶法的优点是化学均匀性好、合成温度低，制备出的电子陶瓷粉体质量高。溶胶凝胶法的关键工艺步骤是合成均匀稳定的溶胶体系。该过程要防止沉淀和成分偏析的出现，因而精确控制水解和聚合条件是获得高质量溶胶的前提。溶胶凝胶法的应用领域如图 3.10 所示。可以看到，溶胶凝胶法的应用领域十分广泛，不仅可以用于合成高性能电子陶瓷粉料，也可以用于材料成型和制备陶瓷纤维以及薄膜等。

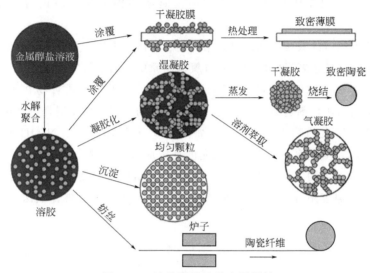

图 3.10 溶胶凝胶法的应用领域

【案例】 $ZnTiO_3$ 超细粉体的溶胶凝胶法合成。

选用 $Zn(NO_3)_2 \cdot 6H_2O$ 和 $Ti(OC_4H_9)_4$ 为原料，CH_3CH_2OH 为有机溶剂，用 CH_3COOH 调节 pH 值为 2 左右，加热并充分搅拌上述混合溶液，得到淡黄色透明溶胶。静置陈化 12h 后，溶胶转变为凝胶。对凝胶干燥处理并于 800℃煅烧 3h，制得钛铁矿相 $ZnTiO_3$ 超细粉体。

（4）水热法

水热法是一类人工高压合成技术，是指在一定温度（100～1000℃）和压强（1～1000MPa）下利用溶液中物质的化学反应进行合成的技术。水热法因在高温高压下进行，因此需要特制的反应容器——高压反应釜。水热法一般使用水为溶剂介质，但在某些情况下，出于合成特殊材料（如亚稳结构材料）的要求，也会使用有机溶剂代替水，如苯、甲苯、乙二胺、丙醇、四氯化碳等，此时通常称作溶剂热法。不同溶剂的熔点、沸点、黏度、介电常数等物理性质有很大不同，其使用拓宽了高温高压合成材料的范围。图 3.11 为水热法的制备过程图。

水热法的制备过程是先将含有原料的水溶液或有机溶液以一定填充度装入特制的密闭容器——高压反应釜中，通过对反应体系加热、加压（或自生蒸气压），创造一个相对高温、

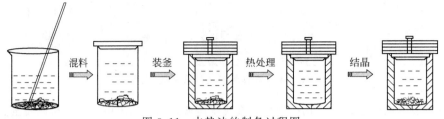

图 3.11 水热法的制备过程图

高压的反应环境,使得通常难溶或不溶的物质溶解并且重结晶从而实现精细电子陶瓷粉料的高效合成。水热法对合成设备的耐腐蚀性要求很高,一般需要使用抗腐蚀能力强的耐高温聚合物,如聚四氟乙烯(安全使用温度低于 220~250℃)作为高压反应釜内衬。如反应温度和压力特别高时,则需要在高压反应釜内安装耐腐蚀的贵金属内衬,如铂金或黄金内衬。

与常温常压下进行的液相法和高温固相煅烧法相比,水热法具有三个典型特征:使重要离子间的反应加速,使水解反应加剧和使有氧化还原反应的电势发生显著变化。水热法合成电子陶瓷粉体时首要考虑的因素是原料的溶解特性,由于许多化合物在水溶剂中的溶解度有限,通常会引入矿化剂这类物质来促进水热反应的进行。矿化剂是一类在水中的溶解度随温度升高而持续增大的物质,水热法中常用的矿化剂有 NaCl、NaOH 和 KOH 等。此外,水热反应的填充度需要合理设置。填充度是指加入的物料占反应釜的总体积分数。水的压力随温度和填充度的变化如图 3.12 所示。在密闭反应环境中,填充度对反应的影响相应地体现在一定温度下压力对反应的影响。一般情况下,水热合成法采用的填充度在 50%~80%。

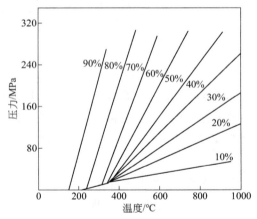

图 3.12 水的压力随温度和填充度的变化

水热法能耗低,大多数电子陶瓷粉体的水热合成温度在 100~250℃ 之间,且不需要后续高温煅烧,得到的产物具有结晶性好,形貌可控等优点。此外,整个水热反应环境密闭,有利于减少合成过程对环境的污染,因此水热法也被看作是环境协调性的"绿色软化学合成技术"的典型代表。

【案例】 $(K_{0.5}Bi_{0.5})TiO_3$ 纳米粉体的水热法合成。

选用 $Bi(NO_3)_3 \cdot 5H_2O$、TiO_2 和 KOH 为原料（注：KOH 同时作为原料与矿化剂），去离子水为溶剂，按 80% 的填充度将上述混合物装入以聚四氟乙烯为内衬的高压反应釜中。控制反应条件——KOH 浓度 $12mol \cdot L^{-1}$、温度 200℃、时间 48h，可以使用水热法合成出纯钙钛矿相 $(K_{0.5}Bi_{0.5})TiO_3$ 粉体，晶体形貌呈规则立方形，粒径约 40nm。

（5）熔盐法

熔盐法是使用熔盐作为熔剂和反应介质的一类化学合成方法。熔盐特指在标准温度和大气压下呈固态，温度升高后转变成熔融液相的无机盐类，具有代表性的熔盐体系如表 3.1 所示。熔盐具有诸多特点，如高温稳定性好、蒸汽压低、黏度低、导电性好、离子迁移速度和扩散速度快、热容量高和溶解各类物质的能力强等，因而熔盐作为熔剂和反应介质有利于电子陶瓷粉体的高效合成。

表 3.1　一些常用熔盐体系的组成和熔点

熔盐体系	组成(摩尔分数)/%	熔点/℃
NaCl	100	801
KCl	100	770
NaCl-KCl	50/50	657
NaOH-KOH	51/49	170
$NaNO_3$-KNO_3	50/50	228
Li_2SO_4-K_2SO_4	71.6/28.4	535

图 3.13 为熔盐法的合成机制图。熔盐法的制备过程是先将反应物与熔盐按照一定比例混合均匀，然后加热至熔盐熔点之上使之熔化，反应物在熔盐形成的液相环境中溶解、扩散，并通过基元重组、成核与生长形成目标产物。在冷却至室温后，从产物中分离去除熔盐（一般以去离子水清洗去除熔盐），得到纯净的电子陶瓷粉体。分离的熔盐经重结晶后仍可以重复使用，因而熔盐法具有节能环保的优点。此外，对于含有易挥发性金属元素的电子陶瓷材料，熔盐形成的特殊液相环境还能够有效抑制易挥发性元素的缺失，实现计量比精确控制的电子陶瓷粉体的合成。

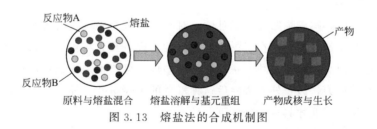

图 3.13　熔盐法的合成机制图

【案例】　$KNbO_3$ 超细粉体的熔盐法合成。

选用 K_2CO_3 和 Nb_2O_5 为原料，KCl 为熔盐助剂（熔点 770℃）。按摩尔比 1:1:6 称量 K_2CO_3、Nb_2O_5 和 KCl，并球磨混料。随后，将混合物在 800℃ 煅烧 4h，待冷却至室温后用去离子水清洗，去除产物中的熔盐，可得到分散性好，平均粒径为 300nm 的钙钛矿相 $KNbO_3$ 立方颗粒。

此外，近年来在常规熔盐法基础上发展出一类便于合成取向结构电子陶瓷粉体的熔盐制备新方法——熔盐拓扑化学法。图 3.14 为熔盐拓扑化学法的合成机制图。

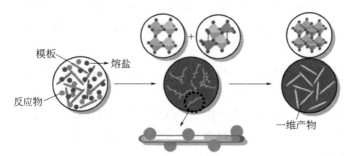

图 3.14　熔盐拓扑化学法的合成机制图

该方法的关键点是选取特定形貌（如棒状、片状形貌）且晶体基元组装特征与产物相似的原料作为模板，利用熔盐环境下反应物离子在模板晶格中的扩散、插入与基元重组，基于局部化学反应原理生成可以继承模板形貌的目标产物。例如，以 $BaTiO_3$ 为代表的钙钛矿型氧化物具有优良的电学特性，但是由于其高对称的晶体结构很难自发生长成一维或二维形貌。利用熔盐拓扑化学法，通过选取合适的前驱模板，目前已经可以合成众多一维或二维钙钛矿型氧化物，并在纳微电子器件、织构陶瓷和复相材料等许多高技术领域中获得应用。

【案例】　$BaTiO_3$ 纳米棒的熔盐拓扑化学法合成。

选用具有一维结晶习性的 $BaTi_2O_5$ 纳米棒为模板，将其与原料 $BaCO_3$ 和 NaCl-KCl 熔盐按摩尔比 1∶1∶40 称量并球磨混料，随后在 650～700℃对混合物煅烧 5h。冷却至室温后，用去离子水清洗，去除产物中的熔盐，可得到分散性良好，继承模板一维形貌的 $BaTiO_3$ 纳米棒。

3.4　电子陶瓷成型工艺

3.4.1　粉体塑化造粒

与金属材料不同，陶瓷烧结体质脆且硬，对其加工较为困难，因而通常电子陶瓷在烧结之前都必须按照其功能性要求，在考虑收缩变形的前提下预先将粉体塑制成必要的形状。对电子陶瓷粉体进行成型，粉体必须具备良好的可塑性。可塑性是指瓷料在外力作用下使其原有形状产生应变的能力，以及外力去除后这种形变的可保留性。外力作用下极易形变，且外力去除后又基本保留形变才具有良好的可塑性。

精细化粉体技术生产出的电子陶瓷粉体一般为缺乏塑性的瘠性粉料，需要外加塑化剂以提升可塑性。

塑化剂主要包含无机塑化剂和有机塑化剂两类。

（1）无机塑化剂

无机塑化剂是含有金属元素的一类塑化剂，如黏土（$xAl_2O_3 \cdot ySiO_2 \cdot zH_2O$）、水玻璃（$Na_2SiO_3$）、磷酸铝（$AlPO_4$）等。以黏土为例，其自身具有高度亲水和胶化作用，表面可形成稳定的胶态水膜。当黏土胶粒介于瘠性电子陶瓷粉料之间时,能够起到牢固的黏附作用,同时仍保持良好的流动性。尽管黏土等无机塑化剂在成型过程中可以对粉体起到塑化作用,但在成型及烧结成瓷后,却无法排出体外,将留存于电子陶瓷材料中。因此,除非无机塑化剂所含金属离子对电子陶瓷的功能性影响较小时可以在一定限度内使用,绝大多数电子陶瓷粉体的塑化已经很少使用此类塑化剂。

(2) 有机塑化剂

有机塑化剂是含碳、氢、氧等元素而不含金属元素的一类塑化剂,如聚乙烯醇、聚乙二醇、聚醋酸乙烯酯、石蜡、羧甲纤维素、淀粉和甘油等。常用有机塑化剂的挥发速率如图3.15所示。有机塑化剂在增强瘠性电子陶瓷粉料可塑性的同时,依靠后续排胶及烧结过程中的高温氧化作用,可以燃尽排出陶瓷体外。因而,有机塑化剂在陶瓷烧结体内不存在残留,对电学性能不会造成不利影响,这一优势使其成为当今电子陶瓷工业中应用的主要塑化剂类型。

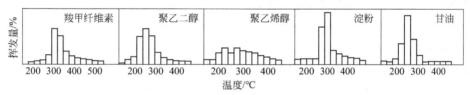

图3.15 常用有机塑化剂挥发速率(升温速度75℃/h)

以聚乙烯醇为例,有机塑化剂的塑化作用如图3.16所示。聚乙烯醇(简称PVA)是一种白色或微黄色高聚物粉体,在其分子链节中含有强极性羟基(—OH),因此易溶于热水中,并形成胶态分子水膜。聚乙烯醇水溶液具有很好的黏稠性与流动性,当其与瘠性电子陶瓷粉料相混合时,聚乙烯醇分子能够粘吸在电子陶瓷粉料表面,同时链状大分子间存在绞扭和交错作用,因而整个瓷料体系的可塑性显著增强,有利于进行坯体成型。

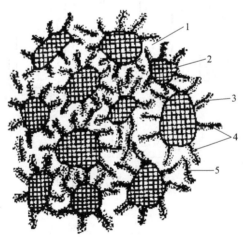

图3.16 聚乙烯醇塑化作用示意图

1—自由水或气孔;2—电子陶瓷粉料;3—聚乙烯醇胶态分子水膜;
4—吸附在电子陶瓷粉料上的聚乙烯醇分子;5—溶液中的聚乙烯醇分子

电子陶瓷粉体在添加塑化剂后须进行造粒工艺处理以提升其可成型性。为了有利于烧结和固相反应的进行,电子陶瓷粉体的粒度越细越好。但粉料越细,流动性越不好;此外,比表面积增大,粉料吸附气体较多,所占体积也会增大,这会导致采用干压成型等成型工艺时不能均匀填充于压模,出现孔洞、层裂、边角不致密等问题。因此,需要将磨细的电子陶瓷粉体,通过造粒工艺做成与塑化剂均匀结合且流动性好的较粗颗粒,以便于坯体成型。

常用的造粒方法主要有 3 种:加压造粒、球磨造粒和喷雾造粒。

(1) 加压造粒

加压造粒是将混合塑化剂的电子陶瓷粉料预压成块,然后再粉碎过筛。加压造粒工艺简单,制出的颗粒体积密度大,机械强度高。但是该工艺一般适用于少量粉料,且存在颗粒尺寸和形状不均匀的缺点。

(2) 球磨造粒

球磨造粒是将混合了塑化剂的粉料进行球磨工艺处理,然后再过筛。球磨造粒过程相对简单,适合于工业化生产,但也存在颗粒尺寸不均匀的问题。

(3) 喷雾造粒

喷雾造粒是预先将混合好塑化剂的粉料做成料浆,然后用喷雾器将料浆喷入造粒塔中进行雾化。当雾滴与造粒塔中鼓入的热空气相混合时,雾滴干燥成干粉,最终收集产物,可得到均匀、流动性好的球状团粒。图 3.17 为喷雾造粒机制图,其关键步骤是雾化。喷雾造粒过程主要包含 4 步:①浆料雾化;②雾化颗粒与热气流混合;③液体蒸发,形成干燥颗粒;④干燥颗粒与热气流分离,收集产物。喷雾造粒产量大,可连续生产,目前是工业化生产的重要造粒方法。

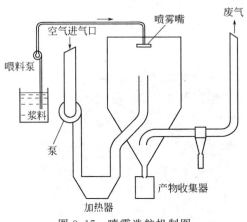

图 3.17 喷雾造粒机制图

3.4.2 粉压成型技术

(1) 干压成型

干压成型工艺需要使用压力机与金属模具,通过对含有较少水分及塑化剂的干粉外加一定压力使坯体成型。图 3.18 为干压成型过程示意图。将经过造粒、流动性好、粒配合适的干粉料，倒入一定形状的金属模具（如钢模）内，借助于模塞，通过外加压力，便可将粉料压制成一定形状的坯体。干压成型方法适用范围广，成本低，适宜生产简单形状的制品，如圆片、圆柱、方片等。

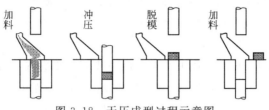

图 3.18　干压成型过程示意图

干压成型工艺中，不同的加压方式对坯体密度有重要影响。加压方式与坯体密度的关系如图 3.19 所示。单向加压时，模具下端的模塞固定不动，只通过模塞由上方加压，其特点是坯体内出现压力梯度，在上方及接近模壁处，密度最大，下方近模壁处以及中心部分密度较小。双向加压时，上下模塞同时朝模套内加压，其特点是坯体上下方密度均较高，仅坯体中间部分密度较低。此外，如果双向先后加压，即上下模塞先后朝模套内施加压力，则该模式下压力传递更为彻底，有利于气体排出，所得坯体密度较前两法均匀。

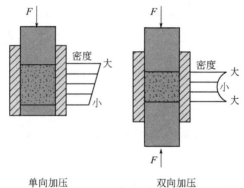

图 3.19　加压方式与坯体密度的关系

（2）等静压成型

在干压成型工艺中，受加压设备及金属模具结构的限制，只能沿一维方向加压，由此导致坯体结构和强度出现各向异性。等静压成型利用液体传压原理，能够使粉料各向受到均匀的压力。图 3.20 为等静压成型原理图。将预压好的粉料坯体包封于弹性塑料或橡胶套内，然后置于能承受高压作用的钢筒中，用高压泵打入传压液体，如水，甘油或重油等。在传压液体的作用下，胶套内的工件在各方向受到大小均匀的压力。等静压成型的优点是坯体强度高、均匀性好，且无分层现象，特别适宜于薄壁、管状等异型结构工件的成型，如火花塞和高压瓷等的成型。

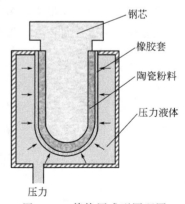

图 3.20　等静压成型原理图

3.4.3 塑法成型技术

与粉压成型中使用的干粉料不同，塑法成型要求待成型粉料必须有充分的可塑性，其中含有的塑化剂或水量要多于粉压成型粉料，因而通常称之为泥料。

塑法成型主要有挤制成型和轧膜成型两类。

（1）挤制成型

挤制成型通过挤制机完成，在该工艺中炼泥与成型分步进行。图 3.21 为挤制成型原理图。首先，在设备中加入泥料，进行炼泥处理。随后，将炼好的并经真空除气的泥料，置于挤制筒内，在上端通过活塞给泥料施加压力，在下端通过机嘴挤制出成型坯件。挤制成型对机嘴的设计与加工精度要求很高，选用不同设计结构的机嘴，可以挤制成型不同形状的坯件。挤制成型的优点是能够自动化连续生产，效率较高。特别是在管状、棒状、蜂窝状等电子陶瓷制品的成型中应用较多。

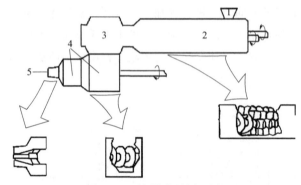

图 3.21 挤制成型原理图

1—喂料斗；2—刀炼泥；3—真空除气室；4—螺旋推进；5—成型机嘴

（2）轧膜成型

轧膜成型通过轧膜机完成，在该工艺中炼泥与成型同步进行。图 3.22 为轧膜成型原理图。通常，先粗轧，再精轧。粗轧时，轧辊间距大，形成厚膜；精轧时，轧辊间距小，形成致密均匀的膜片。在轧膜成型时，须注意，为使泥料内部高度均匀，实现塑化剂与粉粒之间的充分接触，必须保证足够的粗轧混炼工作量。而在精轧时，逐步调近轧辊间距，多次折叠，反复轧炼，以达到必需的光洁度、致密度和厚度。此外，轧膜成型好的坯膜，在进行下

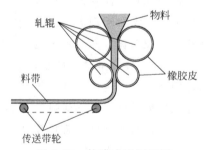

图 3.22 轧膜成型原理图

一步冲切工艺前,应在控制湿度的环境中储存,以防止干燥脆化。轧膜成型粉尘污染小,成型的坯片中气孔率低,陶瓷层料分布均匀,在当前电子陶瓷行业中主要应用于厚度为毫米量级的坯片成型。由于轧辊精度的限制,对于厚度为微米量级的坯片成型,使用轧膜成型较难实现。

3.4.4 流延成型技术

与粉压成型使用的干粉料和塑法成型使用的泥料均不同,流延成型使用的是液体含量高,流动性好,具有一定黏度的浆料。制作浆料时,一般在电子陶瓷粉体中加入溶剂的同时,还需要添加塑化剂、黏结剂、稀释剂和除泡剂等多种助剂,目的是通过在球磨罐中湿磨获得分散性好,稳定度高且流动性好的浆料。浆料经过真空除气后,采用流延机完成厚度为微米甚至更小量级的陶瓷坯片的成型。图3.23示出流延成型原理图。流延成型时,将配制好的浆料从流延机料斗下部依靠自重流至基带之上,通过基带与刮刀的相对运动形成坯膜。坯膜厚度主要由刮刀与基带的间隙大小控制,该位置可以实现精密定位,因此流延法也被称为刮刀法。随后,将坯膜连同基带一起送入烘干室,待溶剂蒸发,有机黏结剂等在陶瓷颗粒间构成网络结构,形成具有一定强度和柔韧性、表面光洁度高的超薄坯片。对成型后的坯片,可按所需形状进行切割、冲片、打孔等,最后经过烧结得到电子陶瓷元器件成品。

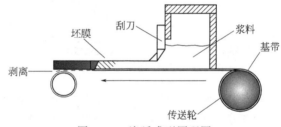

图3.23 流延成型原理图

流延成型自动化程度高,坯片厚度能够实现精确控制,是当前片式电子陶瓷元器件,如多层陶瓷电容器、多层压电致动器、多层陶瓷基片等的支柱成型技术。此外,流延成型在造纸、塑料和涂料等行业也得到广泛应用。流延成型对电子陶瓷粉体的质量要求高,因此,使用化学合成方法制备的超细粉体有一定优势。此外,在流延成型过程中,由于没有外加压力,溶剂和有机助剂的含量又较高,因此成型的坯体密度较低,烧结收缩率大,这一点在实际生产中须加以注意。

3.4.5 坯体排胶处理

电子陶瓷因成型需要,在粉料中添加了有机塑化剂等有机助剂,在高温烧结前必须从坯体中排除干净这些有机物,以避免因其大量熔化、剧烈分解和快速挥发导致坯体变形甚至开裂。从成型坯体中排除有机塑化剂等有机助剂的工艺称为排胶。排胶的主要目的是使坯体获得一定的机械强度及形状、尺寸,同时防止有机助剂在烧结时出现还原作用。

坯体尺寸不同,成型时使用的有机助剂不同,则采用的排胶曲线也会有所差异。在排胶过程中,升温速度至关重要。升温速度应尽可能缓慢,使整个坯体均匀受热,同时排胶温度不宜设置过高,以有机助剂能够充分排出坯体为准。此外,排胶时应注意加强通风,使有机挥发组分及 CO 等气体及时排出。

3.5 电子陶瓷烧结工艺

3.5.1 陶瓷烧结热力学原理

烧结是电子陶瓷材料制造过程中的关键工艺。它是指已成型的坯体在加热到一定温度后开始收缩,在低于物质熔点温度时转变成致密、坚硬的陶瓷体的物理过程。图 3.24 为陶瓷烧结过程示意图。通常,成型后的素坯体是疏松、多孔、低强度的粉粒集合体,在高温作用下,转变成一种通过晶界相互联结的致密多晶烧结体,呈现出机械强度高,脆而致密的特点。陶瓷烧结过程中发生的变化主要有晶粒尺寸及形状的变化、气孔尺寸及形状的变化。烧结程度的衡量指标包括收缩率、气孔率、相对密度(实测密度与理论密度之比)。

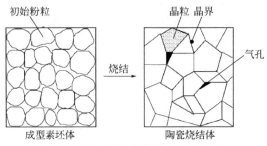

图 3.24 陶瓷烧结过程示意图

从热力学角度分析,烧结是一种在高温作用下体系自由能逐步降低的稳定化过程,使坯体向陶瓷体转变的动力主要是粉粒表面能的下降。坯体状态时比表面积大,属于表面自由能高的介稳状态;陶瓷状态时,比表面积显著下降,属于表面自由能降低到极低的较稳定状态。要使物质在较短时间内从介稳状态向更稳定的状态发展,就需要能量的激活,即需要越过传质势垒。室温时,传质势垒极高,坯体难以转变为陶瓷体。温度升高,既有利于传质势垒的降低,又可使物质的平均热动能增加。因而,从自由能变化的角度分析,高温下的陶瓷烧结可以看作是一种激活状态下的稳定化过程。

3.5.2 陶瓷烧结传质机构

实现陶瓷的致密烧结,除了推动力外,还必须有物质的传递行为,即传质过程,以使坯体中处于物理接触的粉粒,转变为紧密连接的多晶陶瓷结构。传质机构主要分为三类:气相传质、液相传质和固相传质。烧结过程中可能会有几种传质机构同时起作用。一定条件下,某种传质机构占主导地位,条件改变,起主导作用的传质机构有可能随之改变。

(1)气相传质机构

气相传质机构的核心是蒸发—凝结过程。气相传质时的双球模型如图 3.25 所示。根据气体动力学原理,球状粉粒的球面(凸面)与颈部(两球接触位置,凹面)存在压强差,因而会有大量的质点从高压的球面处蒸发,再扩散到低压的颈部并在该处凝结。初始粉粒形状越复杂，表面曲率差异越大，导致烧结初期的蒸气压差越大，气相传质越显著。

图 3.25　气相传质时的双球模型

气相传质过程中烧结致密化的动力是固-气界面的消除而产生的表面积减小和表面能下降。对于挥发性较强的粉料，如 CdO、PbO、Bi_2O_3，包括一些碱金属氧化物等，气相传质是一种重要的烧结过程。但是，需要说明的是，单独依靠气相传质机理进行的烧结，是不可能消除气孔、得到致密陶瓷的。在气相传质过程中，坯体中原有的粉粒中心间距离一般保持不变，气孔外形从多角形向圆形转化，或呈分隔状态，但气孔率基本不发生变化。

（2）液相传质机构

液相传质机构的核心是溶入-析出过程。实现液相传质的必要条件有三点：烧结过程中有液相出现，液相对固相能起润湿作用，固相在液相中有一定的溶解度。

图 3.26 为液相传质机理图。

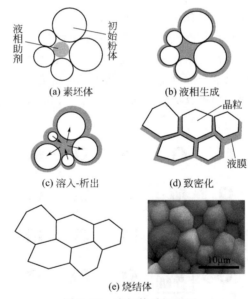

图 3.26　液相传质机理图

液相的获得可以通过在陶瓷体系中引入低熔点物质作为液相助剂或生成低共熔物来满足。在陶瓷烧结过程中，液相的出现，除了能够润湿、包裹固态粉体颗粒外，由于表面张力及毛细管压的作用，还将拉近粉体颗粒间距离，并填充坯体内部孔隙。由于固液界面中粉粒的曲率半径存在差异，曲率半径小的粉体颗粒，活性大，表面自由能高，易溶入液相，其相邻液体中物质的平衡浓度高；曲率半径大的粉粒则呈现相反趋势。因此，物质在液相中出现浓度差，在浓度差的推动下，物质通过溶入—析出过程实现传递，并导致大粒长大，小粒变小甚至消失的现象。在最终烧成的陶瓷体内,烧结过程中出现的液相一般有两种可能的存在方式:一种是液相将以玻璃相的形式,永久地保留于陶瓷的显微结构中,与结晶相和气相共同构成陶瓷的三种典型相成分,这种类型的液相烧结被称为"典型液相烧结";另一种是液相到了烧结后期因生成化合物、固溶体或析晶而消失,因而在陶瓷显微结构内部不存在独立的玻璃相,这种类型的液相烧结被称为"过渡液相烧结"。液相传质的结果是固-液界面或固-固界面减少,自由能降低,整个体系趋于稳定。

需要特别说明的是,通常固-液界面自由能小于固-气表面自由能,因而溶入过程相对于蒸发过程更容易进行。此外,物质在液体中的扩散系数一般要比在固体中高几个数量级,因而液相传质机构更有利于促进陶瓷烧结的进程,并显著降低烧结温度。实现电子陶瓷的低温烧结在工业生产中具有重要意义,不仅有利于节能降耗,而且在多层片式电子陶瓷元器件设计方面有利于瓷体匹配低成本的全银内电极(Ag的熔点961℃)。

(3) 固相传质机构

固相传质机构的基本过程是固体中的质点(包括离子和原子)经由固体内部、表面或界面做有向扩散,从而形成物质传递。当温度不高时,在结构完整的晶体内部质点进行体扩散较为困难。但在高温条件下,当晶格结构中存在缺陷或出现不规则排列时,质点的有向扩散会显著增强。空格点是指在晶格位置上周期性出现的原子或离子空缺。图3.27为二价金属氧化物MO中空格点示意图。对于大多数电子陶瓷烧结而言,固相传质的本质是空格点的扩散过程。扩散传质的必要条件是存在空格点浓度差。

对于符合化学计量比的氧化物(MO)陶瓷,由于要满足电中性条件,正负离子缺位会统一地等价出现。此类缺陷被称为中性缺陷,是热缺陷的主要类型之一,其缺陷浓度与温度有强关联性。在高温时,缺陷浓度将显著增加,体扩散传质成为重要传质方式。扩散传质降低了烧结体系的表面自由能,特别是体扩散和界面扩散,均能使粉粒中心距离缩短,这有利于坯体收缩,以获得致密陶瓷。

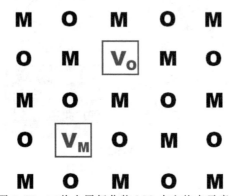

图3.27 二价金属氧化物MO中空格点示意图

3.5.3 致密烧结与排气过程

陶瓷烧结过程是体系自由能下降的过程,在烧结前期,烧结推动力主要是表面自由能的下降;在烧结后期,烧结推动力主要是界面自由能的下降。除了满足特殊用途的多孔陶瓷外,大多数电子陶瓷(如介电陶瓷、铁电陶瓷和压电陶瓷)为获得优良的电学特性,通常需要优化烧结工艺以获得气孔率低,实测密度尽可能接近理论密度的致密陶瓷。此外,获得高致密度陶瓷对于发展光电器件用透明陶瓷也至关重要,因为透光性除了受晶界或杂质等散射光线的影响外,陶瓷体内分布广、散射力强的大小气孔作为重要的光散射中心对透光性的影响也极为显著。

陶瓷在烧结过程中,通常随着相对密度的增加,晶粒尺寸不断增大,气孔含量逐渐减少。陶瓷致密化过程中晶粒尺寸与气孔的变化规律如图 3.28 所示。

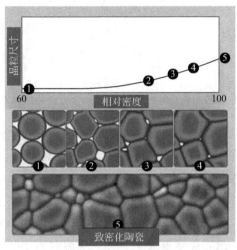

图 3.28 陶瓷致密化过程中晶粒尺寸与气孔的变化规律

陶瓷的致密化一般伴有明显的瓷体收缩现象,这说明成型后的坯体密度较低。排胶过程在消耗去除有机塑化剂的同时,还会在坯体内部形成大量气孔。随着烧结的进行,气孔形状和尺寸发生变化,同时晶粒逐渐长大。一些相对较粗的晶粒会吞并相邻晶粒,经过一段烧结时间后,这些以各自为中心的一次再结晶晶粒,将发展到彼此相遇形成相互接壤的晶界。其中,以 120°相交的界面,最为稳定。

经过排胶处理的坯体呈现疏松多孔的特征,在后续烧结成瓷的过程中,存在大量排除气孔的工作。分析陶瓷致密化与气孔含量变化的关系,可以将整个排气过程初步划分为三个阶段,如图 3.29 所示。

第一阶段:开孔排气阶段。

相当于烧结的前期和中期,坯体内部所有气孔相互连通,呈管状沟通状态。坯体收缩时,气体通过沟管可以畅通排出体外。

第二阶段:闭孔形成阶段。

相当于烧结的中期向后期过渡,开口气孔迅速下降,闭口气孔逐渐形成,这些气孔孤立地存在于粒界或多粒汇合处。

第三阶段:闭孔排气阶段。

烧结后期,沟管堵塞,气孔全部封闭,这一阶段的气孔消失只有通过扩散的方式。主要过程是粒界上的气孔向表面迁移实现闭孔排气,该过程是陶瓷致密化的关键过程,需要合理控制烧结工艺。如果温升过高,粒界移动速度过快,极易出现二次晶粒长大现象,这时气孔可能会因来不及通过界面扩散而陷入陶瓷晶粒内,很难再通过体扩散排除,这阻碍了陶瓷的

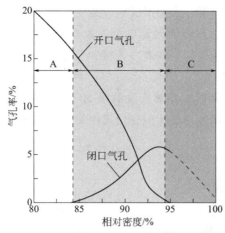

图 3.29 陶瓷相对密度与气孔含量变化的关系

致密化过程。因此,要使气孔排除干净,重点是在烧结过程中控制粒界移动速度,防止气孔陷入晶粒内部。一个有效的方法是添加烧结助剂,在不影响陶瓷电学性能的前提下,适量的烧结助剂能够拖住或减缓粒界移动,使得闭口气孔能够充分地通过界面扩散而消失,从而促进陶瓷体致密度的提升。

图 3.30 为添加不同量 MnO_2 烧结助剂的某型号 $Pb(Zr,Ti)O_3$ 压电陶瓷的显微组织照片。所有样品的烧结工艺一致,烧结温度 1050℃,保温时间 2h。由图可见,未添加烧结助

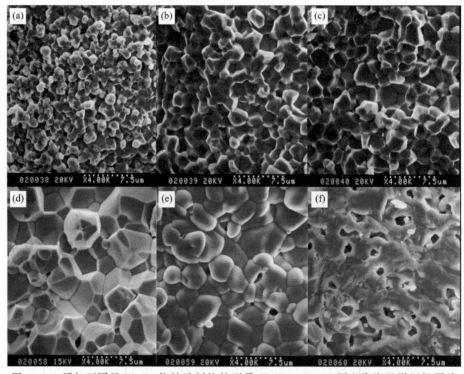

图 3.30 添加不同量 MnO_2 烧结助剂的某型号 $Pb(Zr,Ti)O_3$ 压电陶瓷显微组织照片

(a) MnO_2 0%(质量分数);(b) 0.5%(质量分数);(c) 1.0%(质量分数);
(d) 1.5%(质量分数);(e) 2.0%(质量分数);(f) 3.0%(质量分数)

剂的样品晶粒发育不完整，内部有大量气孔存在。而适量添加烧结助剂的陶瓷样品［MnO_2添加量0.5%～1.5%（质量分数）］内部组织结构均匀，气孔含量较少，致密性显著提升。但是，当烧结助剂过量时［MnO_2添加量大于2.0%（质量分数）］，样品的排气过程又被破坏，组织结构均匀性变差，气孔含量显著增多。

另一方面，封闭于气孔内部的高压气体的排除与烧结气氛密切相关，可以通过三类典型气氛情况进行说明。

第一种情况，封闭于瓷体内部气孔的是原子半径较大的气体，如氮、氩等。此类气体因原子尺寸较大，填隙激活能大，导致其进入正常晶格填隙位置或通过正负离子缺位来实现扩散是不可能的，因而难以获得致密化的陶瓷体。

第二种情况，封闭于瓷体内部气孔的是原子半径较小的气体，如氢、氦等。此类气体易于通过填隙扩散通向自由表面，因而有利于陶瓷体烧结的致密化。但是需要注意的是，实用化的电子陶瓷多为氧化物，氢气有还原作用，高温下会导致氧化物因失氧而产生计量比偏离。氦气虽没有这种作用，但因价格偏高需要考虑成本问题。

第三种情况，封闭于瓷体内部气孔的是氧气。对于以氧化物为主的电子陶瓷而言，氧气氛烧结有利于获得致密陶瓷体。在高温作用下，氧化物晶格中会有一定数量的正离子缺位和氧离子缺位。在闭口气孔高氧压的作用下，过剩的氧将会进入晶格结构，平衡晶粒内的氧缺位，使该处氧缺位的浓度下降，由此在瓷体内部产生空格点浓度差。在空格点浓度差的推动下，氧缺位向气孔扩散，氧离子则会远离气孔向外扩散，其结果是高压氧的消失并促进气孔的进一步收缩，最终获得高致密的陶瓷烧结体。

3.5.4 陶瓷烧结制度的制订

合理制订电子陶瓷的陶瓷烧结制度，主要关注三方面因素：升温过程、最高烧结温度与保温时间、降温过程。图3.31为具有代表性的三段式陶瓷烧结曲线，根据实际需要，也可以在此基础上设计更多步骤的多段式烧结曲线。

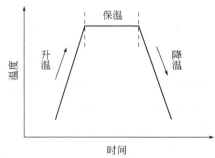

图3.31 三段式陶瓷烧结曲线

（1）升温过程

从室温升高至最高烧结温度的时间段是升温期，该阶段重点考虑升温速率的设定。对于大尺寸和厚壁工件的烧结，升温速率应适当放慢，以避免由局部温差过大导致工件变形或开裂。对于小尺寸工件，传热较为均匀，升温速率可以适当提升。此外，如坯体中有气体释放，升温速率也不宜过快。对于一些由两种及以上不同类型材料复合而成的多层片式元器件，需要合理控制升温速率，以避免共烧失配造成工件变形或开裂。

（2）最高烧结温度与保温时间

最高烧结温度与保温时间有关联制约性，可以一定程度相互补偿。一般提升最高烧结温度可以适当减少保温时间，反之亦然。但是，对于一些烧成温区较窄的陶瓷，此规律并不适用。从时间成本出发，一般保温时间不做大范围调整，获得高致密度的电子陶瓷主要采用优化最高烧结温度的方法。在生产中确定最高烧结温度的主要依据是烧结瓷体的实测体积密度是否最佳，其与气孔率和收缩率相关联。实测体积密度越接近于理论密度，即相对密度越高（理论上最高100%），说明样品气孔率越少。以压电变压器用某种型号Pb(Zr，Ti)O$_3$压电陶瓷的烧结工艺优化为例，烧结温度在900～1100℃之间时，以50℃为间隔进行取值，保温时间均设定为2h。不同烧结温度所获得的样品的实测体积密度如图3.32所示。实测体积密度通过阿基米德排水法测试。可以看到，随烧结温度升高，样品体积密度呈现先增后降的趋势，在1000℃时获得最大值，说明此时气孔率最低。图3.33为不同烧结温度样品的断面显微结构照片。烧结温度较低时，样品晶粒发育不完整，晶粒尺寸较小且气孔较多。1000℃烧结的样品内部组织结构致密，晶界清晰，晶粒发育良好且尺寸较为均一。进一步升高烧结温度，由于粒界运动加剧，出现二次晶粒长大，所以陶瓷结构均匀性变差，样品过烧。

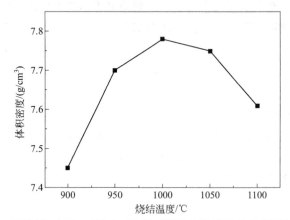

图3.32 某型号Pb(Zr，Ti)O$_3$陶瓷不同烧结温度样品的实测体积密度

（3）降温过程

降温过程一般主要关注瓷件高温烧结后的冷却速率及相关问题。根据冷却速率快慢要求，可以采用保温缓冷、随炉冷却和淬火急冷三种降温方式。

① 保温缓冷　对于大尺寸、结构复杂或降温期存在多晶转变的陶瓷工件，可以采用保温缓冷模式，根据窑炉或马弗炉的结构与热容量大小，在降温阶段少量供热，减缓降温速率。但对于一般的小尺寸电子陶瓷产品，则很少这样做，以避免浪费能源，拖延生产周期。

② 随炉冷却　当保温期结束后，随即切断热源供给，让陶瓷工件自然冷却。待炉温降至低温安全范围，便可以开炉取件。这种降温模式操作简便、节约能源，在工业生产中广泛使用，主要适用于没有特殊要求的电子陶瓷产品。

③ 淬火急冷　这种降温模式适用于一些有特殊要求的电子陶瓷材料制备，如需要保留与电学性能相关的高温相结构、固化某种缺陷类型或减少易挥发性成分的缺失等。淬火的主

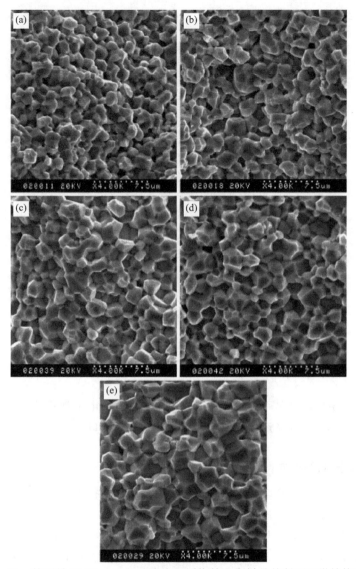

图 3.33 某型号 Pb(Zr,Ti)O_3 陶瓷不同烧结温度样品的断面显微结构照片

(a) 900℃；(b) 950℃；(c) 1000℃；(d) 1050℃；(e) 1100℃

要方式有水中淬火、油浴淬火和空气淬火。淬火急冷一般只适用于小尺寸工件，对于大尺寸工件易导致瓷体炸裂。

此外，对于一些电子陶瓷，采用退火处理也是提升材料电学性能的有效手段。与淬火急冷不同，退火是将烧结好的陶瓷体在低于烧结温度的温度下进行二次热处理，该工艺有助于降低晶界玻璃相含量和减少瓷体内应力。图 3.34 为退火前后 Pb($Mg_{1/3}Nb_{2/3}$)O_3-PbTiO_3 弛豫铁电陶瓷内部显微结构的照片。退火前的样品是在 1200℃ 保温 2h 的条件下烧结的陶瓷体，尽管样品已烧结致密，但是可以看到内部有较厚的晶界玻璃相。对该样品在 1000℃ 退火 4h 后，晶界玻璃相显著减少，晶界平直清晰。由于 PbO 的熔点较低（890℃），对于 Pb($Mg_{1/3}Nb_{2/3}$)O_3-PbTiO_3 等铅基陶瓷，一般须在配方中加过量的 PbO 以弥补烧结过程中的铅损失。在陶瓷致密化的同时，部分 PbO 富集于晶界形成晶界玻璃相，并驻留于陶瓷体内。由于此类玻璃相的介电常数通常较低，采用二次退火的方式消除晶界玻璃相有助于材料介电性能提升。

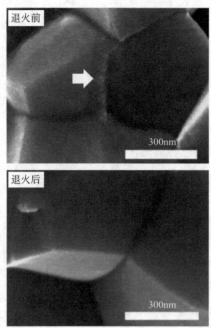

图 3.34　退火前后 $Pb(Mg_{1/3}Nb_{2/3})O_3$-$PbTiO_3$ 陶瓷显微结构照片

总之，制订的烧结制度是否合理可行，是以最终获得的电子陶瓷是否均匀致密，电学性能是否最佳为评价标准，同时还要兼顾节能减排和降低生产成本。

3.5.5　电子陶瓷烧结技术

近几十年来，电子陶瓷烧结技术取得了很大的发展，新技术不断涌现，此处重点介绍具有代表性的几类烧结技术：常规烧结、气氛烧结、热压烧结、微波烧结和放电等离子烧结。需要说明的是，尽管烧结装备与操作过程有所差异，但是这些烧结技术并非相互孤立，一些烧结技术间仍存在联系。总之，无论何种烧结技术，其目的都是通过高温作用促进物质的传递过程，晶粒定向或组织结构优化。

（1）常规烧结

常规烧结主要是指对陶瓷坯体在大气环境下进行高温烧结的技术，依靠发热体将热能通过对流、传导或辐射等方式传递至被加热物而使其达到某一温度。常规烧结使用普通高温电阻炉或工业窑炉，具有设备简单、工艺方便、生产成本低、适用于工业大规模生产的特点。通过合理设计烧结曲线（包括最高烧结温度、保温时间、升温与降温速率等），实现对陶瓷致密度、晶粒尺度与显微组织形貌等的调控，从而获得优异的电学性能。一般情况下，常规烧结使用的素坯体成分是预先通过制粉过程得到的成相粉体，在烧结过程中的主要驱动力是表面能的下降。但是，有一类特殊的常规烧结模式是反应烧结。反应烧结属于活化烧结类型，其原理是在烧结过程中让原料混合物发生固相反应或原料混合物与外加气（液）体发生固-气（液）反应以合成目标陶瓷工件。在反应烧结过程中，反应和烧结同时进行，因此，烧结推动力既有表面能的下降，也有烧结反应所导致的化学势降低。后者主要体现在反应烧结引起新化合物出现、固溶体形成以及晶相转变等,且其产生的烧结推动力数值要远远大于一般常规烧结过程中表面能的下降值。通过合理选取反应物和优化烧结制度,反应烧结可以实现在低温下制备出高性能电子陶瓷材料。

电子陶瓷材料的烧结温度一般低于1700℃,以普通高温电阻炉为例,按工作温度递增顺序,选取不同类型的发热体:低于1100℃属于低温烧结,一般以镍铬丝等合金丝作为发热体;低于1400℃属于中温烧结,可选用硅碳棒作为发热体;而低于1700℃的高温烧结,通常选用硅钼棒作为发热体。此外,测量高温电阻炉温度须用热电偶完成。热电偶是一种接触式感温元件,由两根成分不同的导体(金属丝或合金丝)焊接而成,封装在瓷管内。两根导体接点的一端置于炉内,称为热端(工作端);另一端置于炉外,称为冷端(自由端)。工作时,热电偶的冷热端处于不同温度,因热电效应产生电动势,其大小与温差成正比。

(2) 气氛烧结

气氛烧结属于常规烧结的特定类型,主要应用于在空气中难以烧结或需要有特殊烧结气氛的电子陶瓷材料。与常规大气环境下的烧结不同,气氛烧结一般须选用有特殊密封结构的气氛烧结炉,并在烧结过程中不断通入所需气体。常见的烧结气氛一般分为氧化气氛(O_2)、还原气氛(H_2或CO)和中性气氛(N_2或Ar)三种。例如,对于选用镍作为内电极的钛酸钡基多层陶瓷电容器,需要在还原气氛中进行烧结,以防止镍氧化造成器件失效。对于透明氧化铝陶瓷,则需要在H_2气氛中烧结。这是由于H_2易渗入坯体内,在封闭气孔中H_2的扩散速率高于其他气体,这非常有利于促进坯体内气孔的排除。

当电子陶瓷组成中含有一些易挥发性元素(铅、钾、铋等)时,为防止高温烧结引起材料计量比失配,除须在配方中加入过量易挥发性元素外,在烧结时还应控制易挥发性成分的平衡蒸气分压。与依靠外部气源供给的气氛烧结模式不同,此类陶瓷的致密烧结需要人为提供易挥发性成分保护性气氛。保护性气氛的实现需要外加气氛粉体,这些气氛粉体一般是与待烧坯体组成相同的粉体或含易挥发性成分的粉体。常用方法是在密闭坩埚内将待烧坯体埋入气氛粉体中,即埋粉法;或在待烧坯体周边置入气氛粉体压制的气氛片,即加气氛片法。高温烧结时,密闭坩埚内部的坯体工件与气氛粉体间能够建立易挥发性成分的蒸气分压平衡,从而有效抑制工件烧结致密化过程中易挥发性元素的缺失。

Pb(Zr,Ti)O_3压电陶瓷的两种不同烧结模式如图3.35所示,一种是采用双层坩埚铅气氛保护模式,以PbZrO_3作为气氛粉体;另一种是单层坩埚非铅气氛保护模式。图3.36为采用两种模式分别烧制的两种型号(1#,2#)Pb(Zr,Ti)O_3陶瓷的断面显微结构照片。

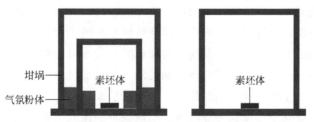

(a) 双层坩埚铅气氛保护模式　(b) 单层坩埚非铅气氛保护模式

图3.35　Pb(Zr,Ti)O_3压电陶瓷两种不同烧结模式

对比可见,铅气氛保护模式下烧制的1#和2#陶瓷致密均匀,晶粒发育完整,晶界清

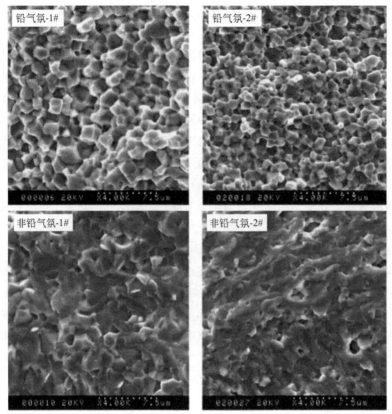

图 3.36　两种模式分别烧制的不同型号 $Pb(Zr, Ti)O_3$ 陶瓷断面显微结构照片

晰；非铅气氛保护模式下烧制的 1# 和 2# 陶瓷内部组织形貌混沌，晶界难以辨认且仍有一些未排除的密闭气孔。电学测试结果证实铅气氛保护模式烧制的陶瓷的电学性能显著优于非铅气氛保护模式烧制的陶瓷。

（3）热压烧结

热压烧结是对坯体在压力作用下进行烧结的技术。热压烧结必须在特制的热压装置（热压炉）中完成。图 3.37 为典型的热压装置结构图。热压烧结时，同时加温加压有助于粉末颗粒的接触、重排与粒界滑移，加速空位扩散，促进工件收缩。特别是当粉料处于热塑性状态时，形变阻力小，易于塑性流动和致密化，因此，热压烧结有助于获得高强度、高致密度和高透明度的电子陶瓷。与常压烧结相比，热压烧结的烧结温度要低很多，保温时间也相应缩短，低温烧结的优势是不仅能够抑制晶粒生长，获得高致密度的细晶陶瓷，而且对于一些含易挥发性成分的陶瓷，还可以有效避免高温烧结所带来的元素缺失。需要说明的是，对同组分材料采用热压烧结技术，尽管低温高压与高温低压均有可能获得致密的陶瓷体，但是显微结构却有很大差异：一般低温高压烧结得到的陶瓷工件晶粒较细，而高温低压烧结得到的陶瓷工件晶粒较粗。这主要是由于晶粒的长大与烧结后期的粒界移动速率相关，而粒界移动速率的主要影响因素是烧结温度和界面曲率，与所施加的压力关系较弱。

为了提高热压效率，热压烧结对电子陶瓷粉料有较高要求，需要粉料有足够的细度，同时要避免水分及其他有害气体的吸附。常规热压烧结可以选用不同的加压方式，如恒压法、分段加压法、高温加压法、真空热压法、气氛热压法、连续热压法等。此外，热压烧结过程

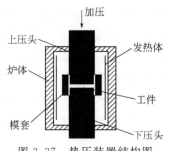

图 3.37　热压装置结构图

须合理控制压强大小，压强太低则热压促进烧结的作用不明显，压强太高则其烧结促进作用早已趋于饱和，反而会加重模具负担。模具的选取对于完成热压烧结至关重要，通常要求模具与工件在热压期间有良好的化学稳定性，模具的高温机械强度要好（特别是高温抗张强度），同时模具与工件还应具有良好的热匹配。由于金属材料的高温强度不够，而且易氧化，因而很少在电子陶瓷热压烧结中采用。常用的热压模具有石墨磨具、Al_2O_3 模具和 SiC 模具等。

为解决常规热压烧结技术因缺乏横向压力而易造成产品不够均匀的问题，将等静压成型工艺与热压烧结相结合的热等静压烧结技术得到了推广应用。图 3.38 为热等静压烧结装置结构图。热等静压烧结装置的核心部件是能够承受足够压强的高压容器——高压釜，发热体通常置于釜内，以氮气或氩气、氦气等惰性气体为传压介质，模套选用密封的薄层软模套，釜体需要采用循环冷却液的方法以确保其有足够强度和防止高温腐蚀。热等静压烧结操作的基本过程是首先将粉末或粉末压坯装入模套内并抽去吸附在粉末表面、粉末间隙和模套内的气体，密封模套后置于可加热的压力容器中。随后，密封压力容器并泵入气体传压介质至一定压力；升温后气体体积膨胀，容器内压力升至设定压力；在高温、高压的共同作用下，工件完成致密化烧结。由于对工件施加了各向同等的压力，同时施以高温作用，因而采用热等静压烧结技术制备的产品具有极高的致密度，晶粒细小均匀，晶界致密，各向同性。

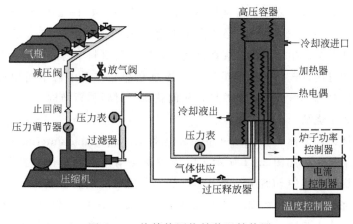

图 3.38　热等静压烧结装置结构图

（4）微波烧结

微波是一种高频电磁波，其频率范围为 300MHz～3000GHz，对应的电磁波长为 1m～

0.1mm。微波与材料的交互作用形式有 3 种，即穿透、反射和吸收。电子陶瓷属于电介质材料，而电介质材料通常会不同程度地吸收微波能。区别于依靠发热体加热的常规烧结技术，微波烧结技术属于电磁烧结技术，须采用特制的微波烧结炉进行供能加热。微波烧结的技术原理是利用陶瓷材料自身的介质损耗特性（包括电导损耗和极化损耗，高温下电导损耗将占主要地位），将微波能转化为热能来实现陶瓷体的自加热烧结。与常规烧结相比，微波烧结具有烧结速度快、高效节能、安全无污染以及改善材料组织、提高材料性能等一系列优点。

微波烧结与常规烧结方式的区别如图 3.39 所示。常规烧结采用传统加热模式，依靠加热体将热能通过对流、传导或辐射等方式传递至被加热工件而使其达到某一温度，热量传递方向由外向内，存在烧结时间长，能耗大的缺点，且难以烧制细晶陶瓷。微波烧结利用材料的介质损耗特性实现自加热，可降低烧结活化能，加快陶瓷工件的烧结进程，缩短烧结时间。微波烧结的突出优点是能耗低，快速烧结便于控制晶粒尺度，可制备出致密的细晶电子陶瓷。

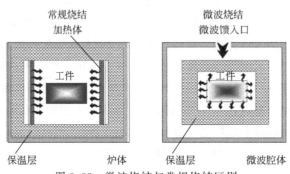

图 3.39 微波烧结与常规烧结区别

物质在微波场中所产生的热量大小与物质种类及其介电特性有很大关系，即微波具有对物质选择性加热的特点，一般介质损耗大的材料升温较快。图 3.40 为针对 A、B 两相复合粉体构成的工件进行微波烧结与常规烧结的机制对比图。由于 A 相的介质损耗大于 B 相，微波烧结时 A 相区域的局部温度 T_1 必然高于 B 相区域的局部温度 T_2，而这种温区分布差异在常规烧结中并不会发生，因为常规烧结的加热特性与材料本身的介质损耗特性无关。利用微波对不同物相可进行选择性加热的特点，通过在烧结体系中对不同物相进行组合或添加吸波物相能够控制加热区域的分布差异，从而获得新材料和新结构。

（5）放电等离子烧结

放电等离子烧结，又称 SPS 烧结（SPS 是英文 spark plasma sintering 的缩写），是一种新型快速材料烧结技术。如图 3.41 所示，电子陶瓷烧结技术的三种主要类型为常规烧结、压力烧结和电磁烧结，其中 SPS 烧结兼具压力烧结与电磁烧结的特点。

放电等离子烧结需要采用特殊的 SPS 烧结系统完成。图 3.42 为 SPS 烧结系统结构示意图，主要包括轴向压力装置、水冷冲头电极、真空腔体、气氛控制系统（真空、氩气）、直流脉冲电源及冷却水、位移测量、温度测量和安全控制单元等，其中核心部分是直流脉冲电源，通、断脉冲电源可以产生放电等离子体。SPS 烧结的具体烧制过程是先将电子陶瓷粉体装入石墨等材质制成的模具内，利用上、下压头及通电电极将特定脉冲电压和压制压力施加于陶瓷粉末，经放电活化、热塑变形和冷却完成电子陶瓷材料的烧制。

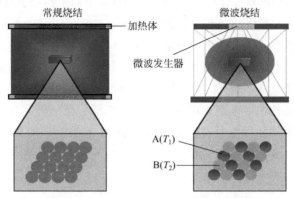

图 3.40　对复合粉体构成的工件进行微波烧结与常规烧结的机制对比

图 3.41　电子陶瓷烧结技术主要类型

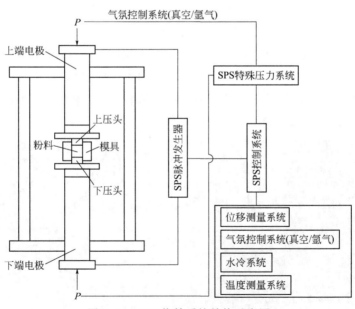

图 3.42　SPS 烧结系统结构示意图

SPS 烧结机制较为复杂，放电等离子体的产生对于材料的快速烧结起到重要推进作用。

等离子体是物质在高温或特定激励下的一种物质状态，是除固态、液态和气态以外，物质的第四种状态。等离子体是电离气体，由大量正负带电粒子和中性粒子组成。SPS 烧结利用的是直流放电等离子体。SPS 烧结过程中，通常认为除了热压烧结的焦耳热和加压造成的塑性变形可促进烧结进程外，通过电源系统给承压导电模具施加可控直流脉冲电压也会产生放电等离子体以活化颗粒表面，并基于颗粒自发热效应和电场辅助扩散等机制实现陶瓷材料的均匀致密化，见图 3.43。放电等离子烧结技术的优势是融等离子体活化、热压、电阻加热为一体，具有加热均匀、升温速度快、烧结温度低、烧结时间短、冷却迅速、外加压力和烧结气氛可控、节能环保等特点，特别适用于纳米晶电子陶瓷的高效快速制备。此外，该技术在金属和合金材料、复合材料、梯度材料等先进材料的制备方面也获得了广泛应用。

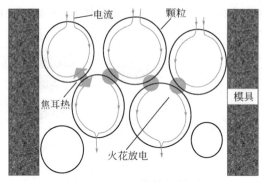

图 3.43　SPS 烧结机制图

两种不同烧结方法——常规烧结与 SPS 烧结制备的 $NaNbO_3$ 陶瓷的显微结构照片如图 3.44 所示。两种烧结方法均选用高能球磨法合成的粒径为 15nm 的 $NaNbO_3$ 纳米粉体为初始粉体。对于常规烧结模式，烧结参数设定为烧结温度 1365℃、保温时间 2h；对于 SPS 烧结模式，烧结参数设定为烧结温度 960℃、加压 80MPa、保温时间 1min。两种烧结方法均可获得高致密度（相对密度＞98%）的 $NaNbO_3$ 陶瓷，但是相比而言，SPS 烧结不仅具有烧结高效快捷的优点，而且制备的陶瓷体具有纳米晶结构（平均晶粒尺寸为 50nm），适宜于发展小尺寸多层化电子陶瓷器件。

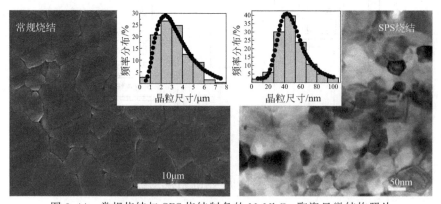

图 3.44　常规烧结与 SPS 烧结制备的 $NaNbO_3$ 陶瓷显微结构照片

3.6 电子陶瓷表面金属化

3.6.1 电子陶瓷表面加工

经过烧制的电子陶瓷，不经过任何加工，就可以在显微镜下观察到晶粒及晶界组织结构，但是表面光洁度和平整度方面尚未达到电子元器件的工艺要求，一般须对电子陶瓷表面进行加工。影响电子陶瓷表面光洁度的因素很多，工艺方面的因素有原料成分、粒度分布、成型方法、烧结制度、瓷体密度等。通常，烧结的陶瓷如晶粒大小均匀、晶界平直、气孔率低，则陶瓷的表面光洁度也较高。

与金属材料不同，包括电子陶瓷在内的所有陶瓷，常态下质硬且脆，不具备可塑性。这是因为陶瓷主要由离子键或共价键结合而成，正负离子间的键长或键角都具有相应的固有值，不易发生偏转或伸缩变化，因而在外力作用下不会产生显著的形变，具有刚性大、硬度高的特点。当室温下受到强大外力作用时，陶瓷呈现出脆性断裂特征。

为了获得外形和尺寸精度符合要求的电子陶瓷工件，需要对陶瓷烧结体进行加工。加工方法分为机械加工和非机械加工。非机械加工方法有电火花加工法、离子束加工法等，相比而言，最为经济可行的方法仍是机械加工法。

陶瓷的机械加工，一般包括粗磨、细磨和抛光3个步骤。

① 粗磨　主要目的是去除陶瓷表层凸出部分，使瓷片具有尽量平展的表面，其磨蚀量以达到表面凹坑的最大深度为宜。为防止研磨时的出现高温，通常采用水磨。水磨有利于强化散热，同时防止粉尘污染。

② 细磨　主要目的是去掉粗磨留下的磨痕，使用的磨料粒度小于粗磨，能够使陶瓷的表面光洁度达到 $1\mu m$ 左右。粗磨与细磨的研磨机理均以滚碾破碎为主。

③ 抛光　主要目的是使陶瓷的光洁度进一步达到设计要求，抛光后的表面粗糙度最高可至 $0.01\mu m$ 或更高。陶瓷抛光一般在铺有细绒布衬垫的、快速旋转的转盘上进行，所用磨料为 $1\sim 20\mu m$ 的胶态悬浊液（常用抛光磨料种类见表3.2）。抛光时由于磨料镶嵌、粘贴于细绒布的纤维间隙中，因此抛光机理主要以滑动摩擦为主。

表 3.2　陶瓷抛光常用的磨料种类

名称	化学式	晶系	颜色	莫氏硬度	密度/(g/cm^3)
氧化铝（α晶）	$\alpha\text{-}Al_2O_3$	六方	白-褐	9.2~9.6	3.94
氧化铝（γ晶）	$\gamma\text{-}Al_2O_3$	等轴	白	8	3.4
金刚石	C	等轴	白	10	3.4~3.5
氧化铁	Fe_2O_3	六方等轴	红褐	6	5.2
氧化铬	Cr_2O_3	六方	绿	6~7	5.2
氧化铈	CeO_2	等轴	淡黄	6	7.13
氧化锆	ZrO_2	单斜	白	6~6.5	5.7
氧化钛	TiO_2	四方	白	5.5~6	3.8

续表

名称	化学式	晶系	颜色	莫氏硬度	密度/(g/cm^3)
氧化硅	SiO$_2$	六方	白	7	2.64
氧化镁	MgO	等轴	白	6.5	3.2~3.7
氧化锡	SnO$_2$	四方	白	6~6.5	6.9

3.6.2 电子陶瓷电极制作

电子陶瓷表面金属化是指在电子陶瓷表面形成金属层（Ag、Pd、Ni、Mo-Mn等）的工艺，其主要作用包括作为电子元器件的电极；作为集成电路管壳的引出线；用于装置瓷的焊接、密封等，其中电子陶瓷的电极制作在工业中需求量大，主要方法有烧渗法、化学镀法和真空蒸镀法等，应用最为广泛的是烧渗法。下面以烧渗银电极（即被银法）为例介绍烧渗法工艺。

被银法是在电子陶瓷表面通过高温烧渗机制形成连续、致密、牢固、导电性良好的银层。选择银的依据主要有银的导电能力强，抗氧化性能好，在银面上可直接焊接金属；烧渗的银层结合牢固，热膨胀系数与瓷体接近，热稳定性好；烧渗温度低，对气氛要求不严格，工艺简单。被银法须使用银浆（含银电极浆料）作为银源，通常要求浆料中银含量应大于65%，且具有合适的烧渗温度；浆料应具有一定黏度，黏度太大容易堆银起鳞皮，黏度太小则涂层过薄导致露瓷；浆料还应具有较长的存放时间和使用寿命。银浆主要由银或其化合物、黏合剂和助熔剂组成，包括碳酸银浆、氧化银浆和分子银浆。黏合剂的功能是使银浆中的各种固体粉末均匀分散，保持悬浮状态，并使银浆具有一定黏度和胶合作用，可附着于瓷体表面，牢靠不脱落。助熔剂的功能是降低银浆烧渗温度，同时增强银层与电子陶瓷表面的附着力。

被银法工艺流程如下。

首先，在涂覆银浆前，需要确保瓷件或坯膜表面清洁干净。涂覆银浆可采用涂布、喷涂和印刷等技术手段，其中印刷法易于实现自动化，电极尺寸控制精度高，是工业生产中常用的涂覆方法。印刷法一般采用丝网印刷技术，该技术属于孔板印刷，工艺过程是使电极浆料在漏印丝网上通过网孔并淀积到瓷件或坯膜表面，从而得到具有一定形状和厚度的电极图案。在涂覆银浆后，进入烧银工序。烧银的目的是在高温作用下使瓷件表面上形成连续、致密、附着牢固、导电性良好的银层。需要根据银浆种类和电子陶瓷类型，选取合适的烧银温度曲线。

由于银的熔点（961℃）较低，纯银仅适用于在已经烧结成瓷的电子陶瓷表面作为电极，或作为内电极匹配多层陶瓷坯膜以实现950℃以下低温共烧，但对于量大面广的中高温烧结电子陶瓷元器件而言，则无法作为其内电极使用。例如，烧结温度在1050℃以上的多层陶瓷电容器，如以纯银作为内电极将会产生严重的漏导现象造成元器件失效。对于中高温烧结的电子陶瓷材料，需要选择与之烧结温度相匹配的中高温电极作为内电极完成共烧。此类中高温电极中的导电材料通常为合金，如Ag/Pd合金、Au/Pd合金等。图3.45为Ag/Pd合金二元相图。由图可见，通过增大Ag/Pd电极浆料中Pd的比例，可以提升烧渗温度的上限。

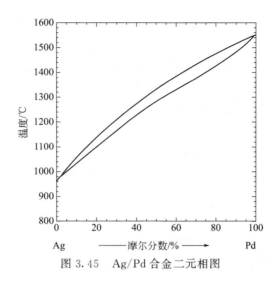

图 3.45 Ag/Pd 合金二元相图

以某型号多层陶瓷电容器的制造为例，介电陶瓷材料的烧结温度为 1070℃，纯银因熔点低而无法作为内电极使用，此时可以匹配 70Ag/30Pd 内电极进行共烧。图 3.46(a) 为通过丝网印刷技术印制 70Ag/30Pd 内电极的流延膜片光学照片。可以看到，内电极图案印制清晰，与流延膜片附着牢靠。图 3.46(b) 为烧结完成后多层陶瓷电容器内部结构的电镜照片（包含内电极成分的元素线扫描分析结果）。内电极层与陶瓷介质层区分明显，金属元素 Ag 与 Pd 主要富集于内电极层，没有出现影响绝缘特性的扩散渗漏现象。

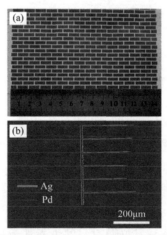

图 3.46 采用丝网印制技术印制 70Ag/30Pd 内电极的流延膜片光学照片（a）和共烧多层陶瓷电容器内部结构的电镜照片（含内电极元素线扫描分析）（b）

习题

1. 简述行星球磨机的工作原理。
2. 简述振磨与砂磨的工作原理。

3. TiO_2 是合成钛酸盐类电子陶瓷的常用原料，试分析在选用 TiO_2 原料时需要注意哪些因素及其可能产生的影响。

4. 简述共沉淀法、溶胶凝胶法、水热法三种方法合成电子陶瓷粉体的化学机理并分析其异同点。

5. 电子陶瓷工艺中为什么要对粉料进行塑化？

6. 简述喷雾造粒的原理及其关键步骤。

7. 比较干压成型工艺中不同加压方式与坯体密度的关系。

8. 简述流延成型工艺过程，并分析其与轧膜成型的异同点。

9. 简述陶瓷烧结过程中表面自由能的变化。

10. 对比分析气相传质机构和液相传质机构。

11. 简述坯体烧结过程中的排气过程。

12. 简述热压烧结与微波烧结的技术原理。

13. 简述被银法工艺。

14. $K_{0.5}Bi_{0.5}TiO_3$ 是一类无铅铁电陶瓷，其粉体的常规合成通常以 K_2CO_3，Bi_2O_3 和 TiO_2 为原料。若按化学计量比合成 1000g $K_{0.5}Bi_{0.5}TiO_3$ 粉体，试计算需要各原料多少克（不考虑纯度）？

15. 通过资料调研，给出使用不同化学方法（任选三种）合成 $BaTiO_3$ 电子陶瓷粉体的工艺实例。

参考文献

[1] 李标荣，王筱珍，张绪礼. 无机电介质. 武汉：华中理工大学出版社，1995.

[2] 侯育冬，朱满康. 电子陶瓷化学法构建与物性分析. 北京：冶金工业出版社，2018.

[3] 王零森. 特种陶瓷. 第二版. 长沙：中南大学出版社，2005.

[4] 曲远方. 功能陶瓷及应用. 第二版. 北京：化学工业出版社，2014.

[5] 徐廷献. 电子陶瓷材料. 天津：天津大学出版社，1993.

[6] 刘维良，喻佑华. 先进陶瓷工艺学. 武汉：武汉理工大学出版社，2004.

[7] Moulson A J, Herbert J M. Electroceramics (Second edition). John Wiley&Sons Ltd, 2003.

[8] 熊兆贤. 无机材料研究方法：合成制备、分析表征与性能检测. 厦门：厦门大学出版社，2001.

[9] Chao L M, Hou Y D, Zheng M P, Zhu M K. High dense structure boosts stability of antiferroelectric phase of $NaNbO_3$ polycrystalline ceramics. *Appl. Phys. Lett.*，2016，**108**：212-902.

[10] Hou L, Hou Y D, Zhu M K, Tang J L, Liu J B, Wang H, Yan H. Formation and transformation of $ZnTiO_3$ prepared by sol-gel process. *Mater. Lett.*，2005，**59**：197-200.

[11] 施尔畏，陈之战，元如林，郑燕青. 水热结晶学. 北京：科学出版社，2004.

[12] 王训，倪兵. 纳米材料液相合成. 北京：化学工业出版社，2017.

[13] 侯磊, 侯育冬, 宋雪梅, 朱满康, 汪浩, 严辉. 水热法合成 $K_{0.5}Bi_{0.5}TiO_3$ 纳米陶瓷粉体. 无机化学学报, 2006, **22**(3): 563-566.

[14] Fu J, Hou Y D, Liu X P, Zheng M P, Zhu M K. A construction strategy of ferroelectrics by the molten salt method and its application in the energy field. *J. Mater. Chem. C*, 2020, **8**: 8704-8731.

[15] 侯育冬, 郑木鹏. 压电陶瓷掺杂调控. 北京: 科学出版社, 2018.

[16] Uchino Kenji. Advanced piezoelectric materials science and technology (Second edition). Woodhead Publishing, 2017.

[17] Hou Y D, Zhu M K, Wang H, Wang B, Yan H, Tian C S. Piezoelectric properties of new MnO_2-added 0.2PZN-0.8PZT ceramic. Mater. Lett., 2004, **58**: 1508-1512.

[18] Hou Y D, Wu N N, Wang C, Zhu M K, Song X M. Effect of annealing temperature on dielectric relaxation and Raman scattering of $0.65Pb(Mg_{1/3}Nb_{2/3})O_3$-$0.35PbTiO_3$ system. J. Am. Ceram. Soc., 2010, **93**(9): 2748-2754.

[19] Hou Y D, Zhu M K, Wang H, Wang B, Tian C S, Yan H. Effects of atmospheric powder on microstructure and piezoelectric properties of PMZN-PZT quaternary ceramics. J. Eur. Ceram. Soc., 2004, **24**: 3731-3737.

[20] Chao L M, Hou Y D, Zheng M P, Yue Y G, Zhu M K. Macroscopic ferroelectricity and piezoelectricity in nanostructured $NaNbO_3$ ceramics. Appl. Phys. Lett., 2017, **110**: 122901.

[21] Xu Y R, Hou Y D, Song B B, Cheng H R, Zheng M P, Zhu M K. Superior ultra-high temperature multilayer ceramic capacitors based on polar nanoregion engineered lead-free relaxor. J. Eur. Ceram. Soc., 2020, **40**: 4487-4494.

第 4 章

介电陶瓷材料

4.1 高介电容器瓷

4.1.1 极化与介电性能

物质的基本电学性质是传导电流和被电场感应。在导体材料（如金属）中，有大量能够自由运动的电荷，在外电场作用下，它们将沿电场方向做定向运动，形成传导电流，也就是以传导的方式来传递电的作用和影响。对于电介质材料，体内原子、分子或离子中的正负电荷以离子键或共价键等形式被强烈束缚着，在外电场作用下，它们不能做定向运动，只能在微观尺度上产生相对位移，即发生极化。这里所指的极化，是物质在电场中的一种感应现象，即在外电场作用下，物质内质点（原子、分子、离子）正负电荷中心分离，从而转变成偶极子的现象。电介质的概念与极化行为密切相关。电介质是指在电场作用下，能建立极化的一切物质。电介质的极化特点是以感应的方式而不是以传导的方式传递电的作用和影响。

介电陶瓷是电介质的一个重要类型，通常是指电阻率大于 $10^8\Omega\cdot m$ 的陶瓷材料，能承受较强的电场而不被击穿。需要说明的是，理想的绝缘介电陶瓷是不存在的，瓷体中或多或少地存在能传递电荷的载流子。陶瓷中的载流子可以是离子、电子或者二者共存。离子作为载流子的电导称为离子电导；电子作为载流子的电导称为电子电导。对于介电陶瓷，主要是离子电导类型，而对于半导体瓷和导电陶瓷，则主要呈现电子电导类型。

图 4.1 为介电陶瓷的极化行为示意图。当在一个真空平行板电容器的电极板间嵌入一块介电陶瓷时，如果在电极之间施加外电场，则会发现在介电陶瓷表面上感应出电荷，这种表面电荷称为感应电荷。由于感应电荷不能够自由迁移，不会形成漏导电流，因而也被称为束缚电荷。

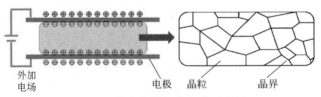

图 4.1 介电陶瓷极化行为示意图

在电场作用下，电介质内部构成质点的正负电荷沿电场方向在有限范围内短程移动，构成一个电偶极子，如图 4.2 所示。设正电荷与负电荷的位移矢量为 l，则 l 与电量 q 的乘积 $q \cdot l$ 定义为电偶极矩 μ（简称电矩，$\mu = q \cdot l$），规定其方向为从负电荷指向正电荷，即电偶极矩的方向与外电场 E 的方向一致。此外，电介质单位体积内的电偶极矩矢量和则被定义为另一个重要的物理参数——极化强度 P，单位为 C/m^2。

$$P = \frac{\sum \mu}{V} \tag{4-1}$$

式中，V 为体积；$\sum \mu$ 为电偶极矩矢量和。

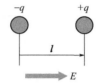

图 4.2　电偶极子示意图

极化强度 P 不仅与外电场强度有关，更与电介质本身的特性有关。极化强度 P 与电场强度 E 存在如下关系：

$$P = \varepsilon_0 (\varepsilon_r - 1) E$$

上式中，ε_r 为电介质的相对介电常数；ε_0 为真空介电常数（8.85×10^{-12} F/m）。

由此可见，介电陶瓷的 ε_r 越大，则极化强度 P 越大。相对介电常数 ε_r 是介电陶瓷的特征参数，反映了电介质内部极化行为的能力。

另一方面，根据平行板电容器模型，分析介电陶瓷电容与介电常数的关系。极板面积为 S，极板间距为 d 的真空平行板电容器，其电容 C_0 为

$$C_0 = \frac{S}{d} \varepsilon_0 \tag{4-2}$$

当在两极板间嵌入介电陶瓷时，平行板电容器的电容增加。图 4.3 为介电陶瓷平行板电容器结构图。实验表明，两极板间充满均匀的介电陶瓷时的电容 C 与两极板间为真空时的电容 C_0 之比与材料本身的介电特性相关，可见 ε_r 是表征介电陶瓷存储电荷能力大小的量度。

$$\frac{C}{C_0} = \frac{\varepsilon}{\varepsilon_0} = \varepsilon_r \tag{4-3}$$

对该式进行变换，可以得到求解介电陶瓷 ε_r 的计算公式：

$$\varepsilon_r = \frac{C}{C_0} = \frac{1}{\varepsilon_0} \times \frac{Cd}{S} \tag{4-4}$$

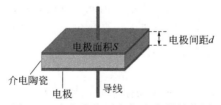

图 4.3　介电陶瓷平行板电容器结构图

实验中，介电陶瓷的电容 C 可由 LCR 数字电桥测试得到，将电容 C 与平行板电容器的尺寸参数——电极面积 S 和电极间距 d 以及 ε_0 代入上式，即可求解介电陶瓷的 ε_r。

表 4.1 列出不同电介质的相对介电常数。对比其他类型电介质，可见介电陶瓷的相对介电常数较高，因而该类材料也常被用于制作大容量陶瓷电容器。

表 4.1　典型电介质及其相对介电常数 ε_r

电介质	相对介电常数 ε_r
空气	1
塑料薄膜	2～3
云母	6～8
氧化铝	8～10
水	80
介电陶瓷	10～20000

电介质材料的相对介电常数有不同的数值，主要是由于其内部不同极化形式的贡献有所差异。理论分析和实验研究证实，介电陶瓷中参加极化的质点主要是电子和离子，这两种质点以多种形式参与极化过程。如图 4.4 所示，电介质的 3 种主要极化形式包括电子位移极化、离子位移极化和偶极子转向极化。

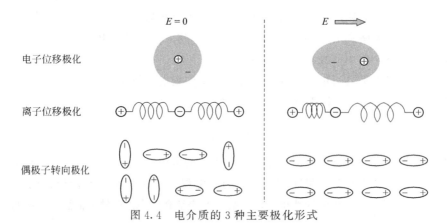

图 4.4　电介质的 3 种主要极化形式

(1) 电子位移极化

组成电介质的基本质点是离子（或原子）。在没有外电场作用时，离子（或原子）的正负电荷中心是重合的。在外电场作用下，离子（或原子）内部的负电子云相对于带正电的原子核发生位移，造成正负电荷中心分离，产生感应偶极矩，这种极化称为电子位移极化。由于价电子在轨道的外层，受原子核束缚小，因此在外电场作用下发生相对位移的主要是价电子。电子位移极化存在于一切陶瓷介质中，且该极化几乎是瞬时完成的，只要电场频率低于 10^{14}～10^{16} Hz 时，都存在这种形式的极化。

(2) 离子位移极化

组成电介质的正负离子，在无外电场作用时，离子处于正常格点位置并对外保持电中性。但在外电场作用下，正负离子偏移平衡位置出现相对位移，正离子沿电场方向移动，负离子逆电场方向移动，从而产生感应偶极矩，这种极化称为离子位移极化。离子位移极化存在于离子结构介质中，对外场的响应时间也极短，比电子位移极化慢2~3个数量级。当外加电场频率低于10^{12}~10^{13} Hz时，就存在离子位移极化。与电子位移极化一样，离子位移极化也属于快极化。

(3) 偶极子转向极化

偶极子转向极化又称为取向极化，主要发生在具有恒定固有偶极矩的极性分子中。例如，H_2O分子是一类代表性的极性分子，其结构如图4.5所示，氧离子与两个氢离子不在一条直线上，而是分布在三角形的三个顶点。因此水分子的正负电荷中心不重合，存在固有偶极矩。此外，非晶态极性有机电介质的分子或分子链节也存在一定的固有偶极矩。无外加电场时，由于热运动，这些极性分子的固有偶极矩的取向是无规则的，因而介质整体偶极矩的矢量和为零。但是当极性分子受外电场作用时，固有偶极矩发生转向，趋向沿外电场方向排列。热运动会抵抗这种趋势，最后体系建立新的统计平衡。在这种状态下，沿外场方向取向的偶极子比它反向的偶极子数目多，介质整体出现宏观偶极矩。这种与偶极子转向相关的极化现象称为偶极子转向极化。由于偶极子转向极化同时受到分子热运动的无序化作用、电场的有序作用和分子间的相互作用，因而极化的建立需要较长时间，主要出现在低频范围10^2~10^8 Hz，属于慢极化。偶极子转向极化除了存在于极性有机材料中，在一些含有缺陷和杂质的晶体或陶瓷中也较为常见。在这些材料中，空格点和掺杂离子等效地带有正负电荷，其相互间耦合的库仑力作用会导致缺陷偶极子形成。例如，NaCl晶体中Na^+空格点与Cl^-空格点可形成缺陷偶极子。因为不同取向的缺陷偶极子在电场中的势能不同，其中沿外电场方向取向的缺陷偶极子势能最低，最为稳定，从而导致缺陷偶极子转向极化。

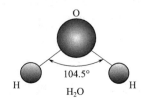

图4.5 H_2O分子结构图

电子位移极化与离子位移极化的建立有相似性，二者均属于弹性位移极化，是在电场力和准弹性力（正负电荷或正负离子之间的相互作用力）的共同作用下，产生与电场方向平行的感应偶极矩，其中，电场力的作用是使正负电荷中心分离，准弹性力的作用是使正负电荷中心重合，即准弹性力起着阻碍位移极化建立的作用。但是，偶极子转向极化的建立机制则完全不同，电场的作用是迫使极性分子的固有偶极矩沿外电场方向排列，而妨碍固有偶极矩实现有序化的阻力是热运动。因此，可以明确位移极化与取向极化的主要差别在于前者是与热运动无关的极化，后者是与热运动有关的极化。

除了以上3类极化形式，与电介质内部结构均匀性相关的空间电荷极化也是常见的重要极化类型。空间电荷极化通常发生在结构不均匀的陶瓷介质中，受陶瓷体内电荷分布状况的影响。实际上，陶瓷体内部的晶界、相界、晶格畸变、杂质等缺陷区都会成为自由电荷（间隙离子、空位、引入的电子等）运动的障碍。在这些障碍位置，自由电荷积聚，形成空间电荷极化。因而，此类极化通常也被称为界面极化。空间电荷极化的建立需要较长时间，只对直流和低频下的介电性质有影响。此外，温度升高，自由电荷易于扩散，因而空间电荷极化会随着温度升高而下降。

图 4.6 给出各种极化机制的作用频率范围示意图。在交变电场作用下，电介质内部各种极化机制的响应时间和对介电常数的贡献不同，其中空间电荷极化响应时间慢，但对介电常数的贡献最大；电子位移极化的响应时间快，但对介电常数的贡献最小。在光频范围内，其他极化形式由于惯性无法跟上电场的变化，因而此时的相对介电常数几乎完全来自电子极化的贡献，其数值等于介质折射率（n）的平方，如：

$$\varepsilon_r = n^2 \tag{4-5}$$

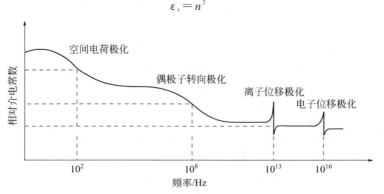

图 4.6　各种极化机制作用频率范围示意图

此外，有一种极化类型称为松弛极化，在进行介电材料性能分析时，有时也会遇到。松弛极化包括电子松弛极化、离子松弛极化和偶极子松弛极化。虽然松弛极化是由于电场作用而建立，但是其与质点的热运动密切相关。当介电陶瓷中存在某些弱联系电子、离子和偶极子等松弛质点时，热运动会使这些松弛质点分布混乱，但是外电场力图迫使这些松弛质点发生沿电场方向的运动，即按照电场规律分布，最后在一定温度下建立热松弛极化。在热运动时，这种极化的带电质点间的距离，可与分子大小相当，甚至更大。由于质点移动需要克服一定的势垒，因此松弛极化建立的时间较长，属于慢极化，且是一种非可逆过程。松弛极化主要发生在结构不紧密的介电陶瓷及玻璃体内。

以上各种极化类型均是电介质在外电场作用下引起的，属于感应式极化。没有外加电场时，这些材料的极化强度等于零。还有一种极特殊的极化类型是自发极化，这种极化形式并非由外电场引起，而是由一些晶体特殊的内部结构造成的。因这种极化是在外电场为零时自发建立起来的，所以称之为自发极化。有关自发极化的概念将在铁电材料章节中介绍。

（4）极化与介质损耗

理想的电容器把从电源中得到的能量，全部贮存在电介质中，不发生任何形式的能量消耗，然而实际中电介质在外加电压的作用下是要消耗能量的，介质漏电流、缓慢极化（电偶极矩在电场作用下发生偏转）都会消耗一部分能量，形成介质损耗。从电工学角度理解，介质损耗是指电介质在电场作用下，单位时间内因发热而消耗的能量，常用介质损耗角正切 $\tan\delta$ 表示。介质损耗主要来源于极化损耗和电导损耗。电介质在外电场作用下会呈现出极化现象，其中电子位移极化和离子位移极化到达其稳态所需时间极短，几乎不产生能量损耗，然而其他极化类型，如偶极子转向极化和空间电荷极化，在缓慢建立稳态的过程中都会因克服阻力而引起能量的损耗，这种损耗称为极化损耗。此外，实际中使用的介电材料并非完全绝缘的电介质,在外电场作用下,总会有一些带电质点发生移动引起漏导电流。漏导电流会引起介质发热而损耗电能,这种损耗称为电导损耗。通常高温下带电质点运动能力增强,电导损耗变大,成为介电材料介质损耗的主要来源。

介质损耗是衡量所有应用于交变电场中电介质品质的重要指标之一。电介质在电子工业领域的重要职能是隔直流绝缘和储存能量。介质损耗不但消耗电能,而且因为会引起温度上升很容易造成电路工作状态不稳定,加速元器件的老化。因而,在陶瓷电容器等电介质的应用方面,一般要求介质损耗越小越好。介质损耗同介电常数一样,在实际使用中同温度、工作频率及介电材料两端所加的电压有很大关系。介质损耗对材料组成、相结构等因素很敏感,凡是影响电导和极化的因素都会影响介质损耗。介质损耗数值可以直接由实验测定,而与样品大小、形状无关。此外,介质损耗的倒数($1/\tan\delta$)被称作电学品质因数或品质因数,用 Q_e(或 Q)表示,也是电介质的特性指标之一。

(5) 极化与介电强度

电介质的特性,如绝缘与存储电荷能力,都是指在一定电场强度范围内的材料特性,即电介质只能在一定的电场强度内保持这些性质。当电场强度超过某一临界值时,电介质由介电状态变为导电状态,这种现象称为电介质的击穿,相应的临界电场强度称为介电强度,也称击穿电场强度。由于击穿时电流剧烈增大,在击穿位置产生局部高温,导致出现孔洞,裂缝甚至瓷体炸裂等不可逆的破坏。

电介质的击穿过程比较复杂,主要有电击穿和热击穿两种类型。对于固态绝缘介电材料,一般观测到的介电强度范围约为 $10^6 \sim 10^7 \text{V} \cdot \text{cm}^{-1}$。从宏观尺度看,这些电场已经属于高电场,但从原子尺度看,这些电场仍非常低(注:$10^6 \text{V} \cdot \text{cm}^{-1}$ 可表示为 $10^{-2} \text{V} \cdot \text{Å}^{-1}$)。这说明,除了极为特殊的实验条件,电击穿绝不是由电场对原子或分子的直接作用所导致。电击穿过程实际是一种集体现象,一般能量通过其他粒子(例如,已经从电场中获得足够能量的电子和离子)传送到被击穿组分中的原子或分子上。电击穿过程很快,约在 10^{-7} s 内完成。热击穿则是电介质在电场作用下发生热不稳定,因温度升高而导致的击穿。热不稳定与材料的电导和介质损耗相关。在电场作用下,电介质的电导和介质损耗会将电能转变为热能。如介电材料产生的热量大于散失的热量,温度会持续升高,而电导和介质损耗又将随温度的升高进一步增大,最终发生击穿现象。热击穿有一个热量积累过程,不像电击穿那么迅速,同时介电强度也较低,约为 $10^4 \sim 10^5 \text{V} \cdot \text{cm}^{-1}$。

在直流电场下对介电陶瓷的试验表明,温度较高时可能发生热击穿,温度较低时往往发生电击穿。此外,介电陶瓷的介电强度大小还与多种因素有关,如陶瓷组成、物相结构、晶粒尺度、电极大小与形状、试样厚度和试验时的温湿度、电压种类以及加压时间等。

4.1.2 电容器用介电陶瓷性能

4.1.2.1 陶瓷电容器用途与性能要求

陶瓷电容器是各类电子设备中的基础电子元器件,具有体积小、容量大、结构简单、高频特性优良及便于工业化规模生产等优点,广泛应用于通信设备、家用电器、汽车电子、工业仪器仪表等领域。在电子线路中,陶瓷电容器的功能主要有储存能量及放电、直流电流的阻断、电路元件的耦合、交流信号的旁路、鉴频、瞬时电压抑制和飞弧抑制等。

用于制造电容器的介电陶瓷，在性能上一般应达到如下要求。

① 介电常数高　陶瓷电容器的电容量与介电陶瓷的介电常数成正比，介电常数越高，陶瓷电容器的电容量越大，同时高介电常数材料也有利于陶瓷电容器的小型化。

② 介质损耗小　小的介质损耗一方面可以避免电容器在电路中引起传输信号的附加衰减，另一方面也可以避免因介质损耗发热引起的温升影响电容器工作的稳定性。

③ 绝缘电阻高　介电陶瓷在外电场作用下因漏电流而造成绝缘特性降低，通常用体电阻率表征绝缘电阻量度，一般要求大于 $10^{10}\Omega\cdot m$，以保证电容器高温工作的可靠性。

④ 介电强度高　陶瓷电容器在高压和大功率工作条件下，往往由于发生击穿而失效，因此提高介电陶瓷的耐压性能，对于充分发挥陶瓷电容器的功能有重要作用。

⑤ 极端条件性能稳定　陶瓷电容器在高频、高温、高湿、高压、振动等极端或恶劣工作条件下应稳定可靠，这对于航空航天、汽车电子、军事武器等领域的应用尤为重要。

4.1.2.2　介电陶瓷混合物法则

随着电子信息技术的快速发展，需要一系列具有不同介电常数和介电常数温度系数的介电陶瓷以满足不同类型陶瓷电容器的设计要求。陶瓷材料是多晶多相系统，可以依据介电陶瓷混合物法则（包括介电常数对数混合定则、介电常数温度系数混合定则等），通过选取两种或更多种结构和化学组成不同的物相进行组合匹配，从而实现具有特定目标介电性能的陶瓷材料的构建。

(1) 介电常数对数混合定则

多相陶瓷系统的介电常数取决于各相介电常数与体积浓度。以两相系统为例，设两相的介电常数分别为 ε_1 和 ε_2，两相的浓度分别为 x_1 和 $x_2(x_1+x_2=1)$，则两相混合系统的介电常数 ε 可以用介电常数对数混合定则计算：

$$\ln\varepsilon = x_1\ln\varepsilon_1 + x_2\ln\varepsilon_2 \tag{4-6}$$

式(4-6)主要适用于两相介电常数相差不大，而且均匀分布的场合。

以下给出两相陶瓷系统的介电常数对数混合定则的推导过程。

对于介电常数分别为 ε_1 和 ε_2，浓度分别为 x_1 和 $x_2(x_1+x_2=1)$ 的两相所组成的陶瓷系统，首先考虑两相完全并联或串联时的极端情况。

当两相并联时，系统的介电常数可以根据并联电容器模型表示为

$$\varepsilon = x_1\varepsilon_1 + x_2\varepsilon_2 \tag{4-7}$$

当两相串联时，系统的介电常数可以根据串联电容器模型表示为

$$\varepsilon^{-1} = x_1\varepsilon_1^{-1} + x_2\varepsilon_2^{-1} \tag{4-8}$$

当两相混合分布时，情况较为复杂，一个简单的处理方法是把系统看成既不倾向于并联也不倾向于串联的状态，此时系统的介电常数可以表示为

$$\varepsilon^k = x_1\varepsilon_1^k + x_2\varepsilon_2^k \tag{4-9}$$

式中，两相并联时，$k=1$；两相串联时，$k=-1$，而在两相混合分布时，$k\to 0$。

对式(4-9)求 ε 的全微分可得

$$k\varepsilon^{k-1}d\varepsilon = x_1 k\varepsilon_1^{k-1}d\varepsilon_1 + x_2 k\varepsilon_2^{k-1}d\varepsilon_2 \tag{4-10}$$

两边同时约去 k，且当 $k\to 0$ 时可得

$$\frac{d\varepsilon}{\varepsilon} = x_1\frac{d\varepsilon_1}{\varepsilon_1} + x_2\frac{d\varepsilon_2}{\varepsilon_2} \tag{4-11}$$

最后，对上式进行积分，则得出两相陶瓷介电常数对数混合定则：

$$\ln\varepsilon = x_1 \ln\varepsilon_1 + x_2 \ln\varepsilon_2 \tag{4-12}$$

该定则可以扩展到多相系统，有如下计算公式：

$$\ln\varepsilon = x_1 \ln\varepsilon_1 + x_2 \ln\varepsilon_2 + \cdots + x_n \ln\varepsilon_n \tag{4-13}$$

式中，$\varepsilon_1, \varepsilon_2, \cdots, \varepsilon_n$ 为各相的介电常数；$x_1, x_2, \cdots, x_n$ 为各相的浓度（$x_1 + x_2 + \cdots + x_n = 1$）。

具体计算时，陶瓷中某一相的浓度，即某一相占多相混合介质的体积分数，可以由该成分占整个陶瓷系统中的摩尔分数、物质的密度以及分子量求出：

$$x_1 = \frac{f_1 M_1 \rho}{(f_1 M_1 + f_2 M_2 + \cdots + f_n M_n)\rho_1} \tag{4-14}$$

式中，$f_1, f_2, \cdots, f_n$ 为混合介质中各成分所占的摩尔分数；$M_1, M_2, \cdots, M_n$ 为各成分的摩尔质量；ρ_1 为某一成分的密度；ρ 为混合介质的密度。

介电常数对数混合定则是基于理想情况下陶瓷材料介电性能的计算方法，实际中陶瓷材料内部的物相分布要复杂得多，不过根据该定则得到的材料计算数值虽可能存在偏差，但是对于介电陶瓷新材料的设计仍有很好的参考价值。

(2) 介电常数温度系数混合定则

根据介电常数与温度的关系，介电陶瓷可分为两大类，一类是介电常数与温度成典型非线性关系的陶瓷介质，如铁电陶瓷（将在 4.3 节——强介铁电陶瓷介绍）；另一类是介电常数与温度呈线性关系的陶瓷介质，如非铁电高介电容器瓷（本节内容）。通常用介电常数温度系数来描述这类线性介电陶瓷的介电常数与温度的关系。

介电常数温度系数是指随温度变化的介电常数的相对变化率，一般用 $TK\varepsilon$（或 α_ε）表示：

$$TK\varepsilon = \frac{1}{\varepsilon} \times \frac{\mathrm{d}\varepsilon}{\mathrm{d}T} \tag{4-15}$$

实际工作中可根据介电陶瓷在规定温区范围内（如 20～85℃）测试所得介电常数温度谱，按下式计算 $TK\varepsilon$：

$$TK\varepsilon = \frac{\Delta\varepsilon}{\varepsilon_{\mathrm{base}} \Delta T} = \frac{\varepsilon_T - \varepsilon_{\mathrm{base}}}{\varepsilon_{\mathrm{bsae}}(T - T_{\mathrm{base}})} \tag{4-16}$$

式中，T_{base} 为基准温度（或原始温度），一般定为室温；T 为改变后的温度；$\varepsilon_{\mathrm{base}}$ 和 ε_T 分别为介电陶瓷在基准温度 T_{base} 和 T 时的介电常数。

由于陶瓷介质的热膨胀系数很小，所以在实际生产中可以通过测量陶瓷电容器的电容温度系数 TKC（也可表示为 TCC）来近似代表 $TK\varepsilon$，即可表示为

$$TKC = \frac{\Delta C}{C_{\mathrm{base}} \Delta T} = \frac{C_T - C_{\mathrm{base}}}{C_{\mathrm{base}}(T - T_{\mathrm{base}})} \tag{4-17}$$

式中，C_{base} 和 C_T 分别为介电陶瓷在基准温度 T_{base} 和 T 时的电容。

非铁电高介电容器瓷主要用于制作高频瓷介电容器，可以基于介电常数温度系数混合定则，通过改变多相介电陶瓷系统中对应的不同介电常数温度系数的物相间的比例，实现整个系统的介电常数温度系数大小的调控。

当一种陶瓷由两种介质（包括两种不同成分，不同晶体结构的化合物）复合而成，且这

两种介质的颗粒都非常小，分布又很均匀，则陶瓷体系的介电常数温度系数为

$$TK\varepsilon = x_1 TK\varepsilon_1 + x_2 TK\varepsilon_2 \tag{4-18}$$

以上关系式即为介电常数温度系数混合定则，其中 $TK\varepsilon_1$ 和 $TK\varepsilon_2$ 为两相各自的介电常数温度系数，x_1 和 x_2 为两相的浓度（$x_1+x_2=1$）。对于多相体系，上式可以扩展。

下面以两相系统为例，推导介电常数温度系数混合定则。

当陶瓷系统由两相构成时，根据前述介电常数对数混合定则，陶瓷系统的介电常数为

$$\ln\varepsilon = x_1 \ln\varepsilon_1 + x_2 \ln\varepsilon_2 \tag{4-19}$$

将该式两边对温度微分，可以求出两相陶瓷系统的介电常数温度系数为

$$\frac{1}{\varepsilon} \times \frac{d\varepsilon}{dT} = x_1 \times \frac{1}{\varepsilon_1} \times \frac{d\varepsilon_1}{dT} + x_2 \times \frac{1}{\varepsilon_2} \times \frac{d\varepsilon_2}{dT} \tag{4-20}$$

即

$$TK\varepsilon = x_1 TK\varepsilon_1 + x_2 TK\varepsilon_2 \tag{4-21}$$

该定则可以扩展到多相系统，有如下计算公式：

$$TK\varepsilon = x_1 TK\varepsilon_1 + x_2 TK\varepsilon_2 + \cdots + x_n TK\varepsilon_n \tag{4-22}$$

式中，$TK\varepsilon_1$，$TK\varepsilon_2$，$\cdots$，$TK\varepsilon_n$ 为各相的介电常数温度系数；x_1，x_2，$\cdots$，x_n 为各相的浓度（$x_1+x_2+\cdots+x_n=1$）。

按照介电常数温度系数混合定则计算，虽有一定误差，但可初步制订出介电材料基本配方。表 4.2 列出一些常见高介电容器瓷组元的介电性能，介电常数大小不同且介电常数温度系数有正有负。根据实际需求，进行合理的组元搭配与比例调节能够满足不同介电常数温度系数的要求。

表 4.2 常见高介电容器瓷组元的介电性能

组成	测试频率/MHz	ε_r	$\tan\delta \times 10^{-4}$	$TK\varepsilon \times 10^{-6}$/℃
TiO_2	1	90	3	-750
$CaTiO_3$	1	150	3	-1500
Mg_2TiO_4	1	14	3	$+60$
$CaZrO_3$	1	25	8	$+76$
$BaZrO_3$	1	32	7	-330

4.1.3 高介电容器瓷分类及瓷料

非铁电高介电容器瓷的介电常数比氧化铝等电绝缘装置瓷的介电常数要高，且具有高频（1MHz）下介质损耗低，介电常数温度系数范围宽并可根据使用要求调节的特点，是制造高频电容器的重要瓷料。按照瓷料的介电常数温度系数，可以将高介电容器瓷分为两大类：一类是高频热补偿电容器瓷，另一类是高频热稳定电容器瓷。

4.1.3.1 高频热补偿电容器瓷

高频热补偿电容器瓷的介电常数温度系数具有很大的负值，使用在振荡回路中用来补偿回路电感元件的正温度系数，使回路的谐振频率保持稳定。

(1) 金红石瓷

金红石瓷又称二氧化钛瓷，是以金红石（TiO_2）为主晶相的介电陶瓷，介电常数约为 $80 \sim 90$，介电常数温度系数 $TK\varepsilon$ 具有较大负值，约为 $-750 \times 10^{-6} \sim -850 \times 10^{-6}$/℃，介质

损耗很小，常用来作为高频温度补偿电容器陶瓷材料。

自然界中，TiO_2 有三种结晶形态，即金红石、锐钛矿和板钛矿。板钛矿属斜方晶系，金红石、锐钛矿属四方晶系。在这三种结晶形态中，金红石的电性能最好，也最稳定。生产中通过高温预烧 TiO_2 原料（大于 1200℃），以确保晶相完全转化为金红石。

金红石瓷的烧结温度对电容器的介电性能有很大影响，过高或过低都将影响介电性能。一般在（1325±10）℃烧结，大于 1400℃易发生如下脱氧反应，导致高价 Ti^{4+} 被还原

$$2TiO_2 \longrightarrow Ti_2O_3 + \frac{1}{2}O_2 \uparrow$$

金红石瓷在烧结过程中需要严格控制环境气氛，保证在氧化气氛条件下烧结。在还原气氛中，如 CO、H_2 等气氛，高价 Ti^{4+} 易被还原成低价态。

$$TiO_2 + xCO \longrightarrow TiO_{2-x} + xCO_2 \uparrow$$
$$TiO_2 + xH_2 \longrightarrow TiO_{2-x} + xH_2O \uparrow$$

高价 Ti^{4+} 被还原会导致材料的介电性能恶化，介质损耗增加，绝缘电阻和介电强度降低。为了防止 TiO_2 的还原，在瓷料中常加入 ZrO_2 和 MnO_2 进行改性。例如，ZrO_2 中锆离子不易变价，较为稳定，将 ZrO_2 引入 TiO_2 晶格中，Zr^{4+} 等价置换 Ti^{4+}，置换区能够有效阻止电子迁移，从而降低金红石瓷的电导和介质损耗。此外，ZrO_2 的引入还有利于防止粗晶组织的形成，获得结晶细密均匀的金红石瓷。

此外，需要注意的是金红石瓷应用时如使用银电极，长期在高温高湿和直流电场作用下，TiO_2 会因发生如下电化学反应而导致 Ti^{4+} 被还原：

正极：$Ag \longrightarrow Ag^+ + e^-$

负极：$Ti^{4+} + e^- \longrightarrow Ti^{3+}$

随着时间的增长，电化学反应中生成的 Ag^+ 沿介电陶瓷表面逐步向内部扩散，致使材料绝缘电阻下降，介质损耗增加，此现象为电化学老化。因而使用银电极的金红石瓷不可以在高温高湿条件下长期工作，一般工作温度应低于 85℃。

(2) 钛酸钙瓷

钛酸钙瓷是以钙钛矿结构的 $CaTiO_3$ 为主晶相的介电陶瓷，介电常数约为 150～160，介电常数温度系数约为 -1500×10^{-6}/℃，高频下介质损耗很小。

为获得性能优良的钛酸钙瓷，通常采用方解石（$CaCO_3$）与二氧化钛（TiO_2）配料进行高温反应合成，化学反应式如下：

$$CaCO_3 + TiO_2 \longrightarrow CaTiO_3 + CO_2 \uparrow \quad (1250 \sim 1320℃)$$

钛酸钙瓷与金红石瓷一样，要求在氧化气氛中烧结。此外，由于纯钛酸钙瓷的烧结温度较高，烧结温区狭窄，因而难以在生产中使用。通常，需要在烧结时加入少量 ZrO_2 作为矿化剂降低烧结温度，扩大烧成温度范围，并阻止 $CaTiO_3$ 的二次晶粒长大。此外，ZrO_2 的加入能够防止 Ti^{4+} 被还原成低价态，从而提高陶瓷的介电性能。

钛酸钙瓷是具有较高介电常数和很大负温度系数的一种瓷料，有利于制成大容量、小体积的高频热补偿电容器，用作对容量稳定性要求不高的高频电容器等。此外，生产企业往往利用其较大的负介电常数温度系数作为介电陶瓷的温度系数调节剂。

在温度补偿型电容器瓷中，还有一类重要的瓷料类型是温度系数系列化电容器瓷。这类

介电陶瓷的 $TK\varepsilon$ 可以在相当宽的范围内 $[(-750\sim+120)\times10^{-6}/℃]$ 任意调节，因而可以根据实际电路设计需求选择适宜的配方。以锆钛系瓷为例，其主要成分是 ZrO_2 和 TiO_2。由于 TiO_2 的介电常数温度系数为负值，而 ZrO_2 的介电常数温度系数为较小的正值，因此可以通过调整 TiO_2 和 ZrO_2 的含量来实现特定介电常数温度系数介电陶瓷的制备（表4.3）。

表 4.3　锆钛系瓷组成与介电性能关系

组别	TiO_2/ZrO_2	ε_r	$TK\varepsilon\times10^{-6}/℃$
1	20/80	21	$+(30\pm30)$
2	54/46	27	$-(75\pm30)$
3	70/30	47	$-(470\pm90)$

4.1.3.2　高频热稳定电容器瓷

高频热稳定电容器瓷的主要特点是介电常数温度系数的绝对值很小，有的甚至接近零，用于制造要求电容量热稳定性高的回路中的电容器和高精度电子仪器中的电容器。

（1）钛酸镁瓷

钛酸镁瓷是以正钛酸镁 Mg_2TiO_4（$2MgO\cdot TiO_2$）为主晶相的陶瓷材料，是当前国内外大量使用的高频热稳定电容器瓷之一。钛酸镁瓷的主要特点是介质损耗低，介电常数温度系数绝对值小，原料丰富，成本低廉。图4.7为 TiO_2-MgO 二元系相图。从图中看出，该二元系中可以形成三种化合物：正钛酸镁 Mg_2TiO_4（$2MgO\cdot TiO_2$）、偏钛酸镁 $MgTiO_3$（$MgO\cdot TiO_2$）和二钛酸镁 $MgTi_2O_5$（$MgO\cdot 2TiO_2$）。

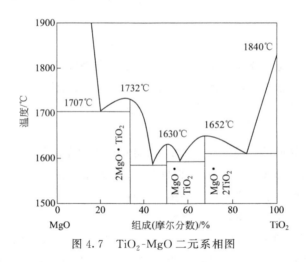

图 4.7　TiO_2-MgO 二元系相图

表4.4列出三种化合物的晶体结构和介电性能。二钛酸镁的介质损耗较大，不适宜作为高频热稳定电容器瓷的主晶相；正钛酸镁和偏钛酸镁的介电性能都很好，但是偏钛酸镁的烧成温度范围窄，难以制备。因而，实用化的钛酸镁瓷主要以正钛酸镁为主晶相。

表 4.4　TiO_2-MgO 二元系化合物晶体结构和介电性能

化合物名称	晶体结构	ε_r (20℃,1MHz)	$\tan\delta/10^{-4}$ (20℃,1MHz)	$TK\varepsilon\times10^{-6}/℃$ (20~80℃)
Mg_2TiO_4	尖晶石型	14	<3	+60

续表

化合物名称	晶体结构	ε_r (20℃,1MHz)	$\tan\delta/10^{-4}$ (20℃,1MHz)	$TK\varepsilon \times 10^{-6}/℃$ (20~80℃)
$MgTiO_3$	钛铁矿型	14	<3	+70
$MgTi_2O_5$	板钛镁矿型	16	8~10	+204

通常,钛酸镁瓷中 TiO_2 和 MgO 的配比控制在 60:40,即有一部分 TiO_2 过剩,但不至于生成二钛酸镁 $MgTi_2O_5$。介电材料的基本晶相为正钛酸镁 Mg_2TiO_4 和金红石 TiO_2,其 $\varepsilon_r=14\sim17$,$TK\varepsilon$ 约为 $50\times10^{-6}/℃$,$\tan\delta\leqslant1\times10^{-4}$。由于钛酸镁瓷的烧结温度较高(1430~1470℃),通过加入 ZnO、CaF 等助熔剂可以显著改善烧结特性。此外,体系中可添加少量 $MnCO_3$ 以防止高价钛离子被还原。

(2) 锡酸钙瓷

二氧化锡能与多种金属离子形成锡酸盐化合物,但是不同锡酸盐的介电性能差异很大。表 4.5 列出一些代表性锡酸盐的介电性能。从中可见,$MgSnO_3$、$PbSnO_3$、$CoSnO_3$、$NiSnO_3$ 等材料的介质损耗太大,无法用于制造高频陶瓷电容器。钙钛矿型的碱土金属钙、锶、钡的锡酸盐 $CaSnO_3$、$SrSnO_3$ 和 $BaSnO_3$ 具有良好的介电性能,其中,$CaSnO_3$ 不仅介电性能优异,而且具有烧结特性好,生产成本低的优势,是制造高频陶瓷电容器的重要介电材料之一。

表 4.5 代表性锡酸盐的介电性能

化合物名称	ε_r (20℃,1MHz)	$\tan\delta \times 10^{-4}$ (20℃,1MHz)	$TK\varepsilon \times 10^{-6}/℃$	烧结温度/℃
$CaSnO_3$	14	3	+110	1600
$SrSnO_3$	18	3	+180	1700
$BaSnO_3$	20	4	−40	1700
$MgSnO_3$	33	223	+6300	1540
$PbSnO_3$	12	200	+1800	940
$CoSnO_3$	13	161	+10400	1260
$NiSnO_3$	10	456	+19700	1430

生产以 $CaSnO_3$ 为主晶相的锡酸钙瓷时,可以选择 SnO_2 和 $CaCO_3$ 为主原料,按如下反应式进行高温合成:

$$CaCO_3 + SnO_2 \longrightarrow CaSnO_3 + CO_2 \uparrow$$

配料时需要注意 $CaCO_3$ 应稍过量,以确保所有 SnO_2 都参与反应生成 $CaSnO_3$。这主要是由于 SnO_2 是电子型半导体材料,如介电陶瓷中含有游离态 SnO_2,将会导致介质损耗增大,绝缘电阻下降,介电性能严重恶化。

$CaSnO_3$ 的介电常数温度系数是正值,可加入具有负介电常数温度系数的 $CaTiO_3$ 或 TiO_2 调节 $TK\varepsilon$ 向零方向移动。此外,在制备锡酸钙瓷时应注意两点:一是 $CaSnO_3$ 具有强结晶能力,极易二次再结晶生成粗晶结构而导致介电性能劣化,因此要求严格控制烧结过程,确保快速烧结与冷却。同时,可加入 ZrO_2 和 ZnO 来降低体系烧结温度,获得细晶结构。二是 $CaSnO_3$ 易被还原成半导体,因此烧结时要确保强氧化气氛,以防止瓷料因还原作用导致介质损耗增加、绝缘电阻下降、介电强度降低。

与 $CaSnO_3$、$SrSnO_3$ 和 $BaSnO_3$ 等锡酸盐类似，碱土金属钙、锶、钡的锆酸盐晶体结构也属于钙钛矿型，且具有良好的介电性能。表 4.6 列出三种锆酸盐的介电性能。由于 Zr^{4+} 与 Ti^{4+}、Sn^{4+} 半径相似，因此，通过构建钙钛矿型固溶体并调整各组分之间的比例，可以获得一系列不同介电常数温度系数的电容器瓷料。例如，将 $CaTiO_3$ 与 $CaZrO_3$ 复合构建 $CaZrO_3$-$CaTiO_3$ 二元体系，瓷料中随 $CaTiO_3$ 含量的增加，介电常数增加，同时介电常数温度系数向负值方向移动。

表 4.6　三种锆酸盐的介电性能

化合物名称	ε_r	$\tan\delta \times 10^{-4}$	$TK\varepsilon \times 10^{-6}/℃$
$CaZrO_3$	28	<3	+60
$SrZrO_3$	30	<6	+10
$BaZrO_3$	40	<5	-400

4.2　微波介质陶瓷

4.2.1　微波介质陶瓷基本特征

4.2.1.1　微波介质陶瓷概念与特点

与在低频段应用的介电陶瓷不同，微波介质陶瓷主要应用于微波频段。微波是一种高频电磁波，其频率范围一般定义为 300MHz～3000GHz，对应电磁波长为 1m～0.1mm。在无线电波谱中，微波频段介于超短波和红外波之间，通常划分为四个分波段，如图 4.8 所示。

① 分米波段：$\lambda=1m～10cm$，$f=300MHz～3GHz$，称为特高频段 UHF；

② 厘米波段：$\lambda=10cm～1cm$，$f=3GHz～30GHz$，称为超高频段 SHF；

③ 毫米波段：$\lambda=1cm～1mm$，$f=30GHz～300GHz$，称为极高频段 EHF；

④ 亚毫米波段：$\lambda=1mm～0.1mm$，$f=300GHz～3000GH$，称为至高频 THF 或极超高频段 SEHF。

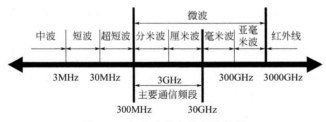

图 4.8　电磁波谱中的微波频段

微波具有诸多特点，列举如下。

① 微波具有波长短、方向性强和对金属目标的强反射能力等特点，因而适用于雷达和导航等监测设备以提高发射和跟踪目标的准确性；

② 微波具有频率高、信息容量大的特点，在 300MHz～3000GHz 范围内所包含的可使用波段数是 0～300MHz 的长、中、短波范围内可使用波段数的 1000 倍，有利于进行微波通信；

③微波具有能穿透高空电离层的特点，特别适用于卫星通信。

此外，利用微波场中介电材料自身的介质损耗发热特性，还可以实现电子陶瓷高效率的微波烧结，这在前一章中已做介绍。

在电子陶瓷领域，微波介质陶瓷特指应用于微波频段（300MHz～3000GHz）电路中作为介质材料并完成一种或多种功能的陶瓷。微波介质陶瓷主要用于各种微波元器件的制造，如微波介质滤波器和谐振器、微波电容器和微波电路中的绝缘基片等。

4.2.1.2 微波介质陶瓷主要性能指标

由于微波介质陶瓷在微波频率范围工作，对主要特性参数有特殊要求。评价微波介质陶瓷介电性能的主要参数有三个：相对介电常数（ε_r）、品质因数（Q）和谐振频率温度系数（τ_f）。

(1) 相对介电常数（ε_r）

对于以离子型晶体为主的微波介质陶瓷，微波频段的主要极化类型是电子位移极化与离子位移极化。电子位移极化产生的 ε_r 很小，因而，微波频段下的介电常数主要由离子位移极化贡献。需要明确的是不同于低频下介电材料的介电常数与频率的强依赖关系，在微波频段范围，介质陶瓷的介电常数不会随频率变化而改变，一般保持恒定的数值。

微波介质陶瓷的典型应用是制造介质谐振器件。对于介质谐振器的应用，需要微波介质陶瓷具有高 ε_r 以利于器件的小型化。这是因为根据微波传输理论，微波在介质体内传输，无论采用何种模式，谐振器的尺寸都大约在 $\lambda/2 \sim \lambda/4$ 的整数倍间。而当微波在介质材料中传播时，其波长 $\lambda_介$ 与在自由空间（空气）中传播时的波长 $\lambda_空$ 和介电常数 ε_r 有如下关系：

$$\lambda_介 = \frac{\lambda_空}{\sqrt{\varepsilon_r}} \tag{4-23}$$

圆柱形介质谐振器　　同轴形介质谐振器

图 4.9　圆柱形介质谐振器与同轴形介质谐振器示意图

因而，在同样的谐振频率 f_0 下，ε_r 越大，介质谐振器的尺寸就越小，电磁能量越能集中于介质体内，受周围环境的影响也较小。这既有利于介质谐振器的小型化，也有利于其高品质化。目前，一些实用化的高介微波介质陶瓷的 ε_r 已经超过100。

具有代表性的两类介质谐振器为圆柱形介质谐振器和同轴形介质谐振器，如图 4.9 所示。

圆柱形介质谐振器是一个直径为 D 的陶瓷圆柱体，是结构最简单的陶瓷谐振器类型，主要用于卫星通信、卫星广播和地面通信。对于圆柱形介质谐振器，直径 D 可由下式计算：

$$D = \frac{c}{f_0 \sqrt{\varepsilon_r}} \tag{4-24}$$

式中，c 为真空中电磁波的速度。

同轴形介质谐振器则是长度为 L，中间有孔的陶瓷圆柱体，主要用于移动无线通信，如

汽车电话、便携电话等。对于同轴形介质谐振器,其长度 L 可由下式计算:

$$L = \frac{c}{4f_0\sqrt{\varepsilon_r}} \tag{4-25}$$

从以上关系式可见,介质谐振器的小型化与发展高介电常数微波介质陶瓷密切相关。

(2) 品质因数（Q）

微波介质陶瓷的品质因数 Q 值一般取介质损耗 $\tan\delta$ 的倒数,即 $1/\tan\delta$。在微波频率下,品质因数 Q 值要高,即介质损耗 $\tan\delta$ 要小,这样有利于获得优良的选频特性和降低器件在高频下的插入损耗。实用化的微波介质陶瓷通常要求 $\tan\delta$ 小于 10^{-4} 量级。

在微波频段内,ε_r 一般不会随频率 f 变化而改变,然而品质因数 Q 与微波频率 f 相关,随 f 增大而呈现减小趋势,如图 4.10 所示。

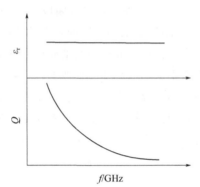

图 4.10　微波介质陶瓷的 ε_r 和 Q 值与 f 的关系示意图

品质因数 Q 可通过如下关系式计算:

$$Q = \frac{1}{\tan\delta} \approx \frac{\omega_T^2}{\omega\gamma} \tag{4-26}$$

式中,ω_T 为材料固有角频率;γ 为材料衰减系数;ω 为角频率（$\omega = 2\pi f$）。

由上式可见,为了获得高 Q 值、实用化的微波介质陶瓷,必须使材料衰减系数 γ 尽可能小。对于多晶陶瓷,晶粒间界、杂质和缺陷是 γ 增大的主要原因。因此,在微波介质陶瓷制备过程中,必须使用高纯原料,同时需要精确控制工艺过程以制备出杂质少、缺陷少且晶粒分布均匀的高致密度陶瓷。

进一步,根据以上公式还可以推导出微波介质陶瓷在微波频段内的 Qf 基本保持不变,有如下关系式:

$$Qf = \frac{f}{\tan\delta} = \frac{\omega_T^2}{2\pi\gamma} = 常数 \tag{4-27}$$

由于 Qf 的数值恒定,所以 Qf 也通常用于描述微波介质陶瓷材料的电学品质特性。同时,须注意,对于同一介质材料,在较低微波频率下使用有利于得到较高的 Q 值。

(3) 谐振频率温度系数（τ_f）

微波介质谐振器一般都是以完全填充的微波介质陶瓷某种振动模式的谐振频率作为其中心频率。谐振频率温度系数 τ_f 是描述微波介质谐振器件工作热稳定性的重要参数,具体指随着温度变化（如从 T_1 变化到 T_2）谐振频率 f_0 的漂移程度,如下式所示:

$$\tau_f = \frac{1}{f_0} \times \frac{\mathrm{d}f_0}{\mathrm{d}T} = \frac{f_0(T_2) - f_0(T_1)}{f_0(T_1)(T_2 - T_1)} \tag{4-28}$$

对于微波介质陶瓷，要求谐振频率温度系数 τ_f 为零或近于零，零 τ_f 可保证微波元器件的中心频率不随温度变化而产生漂移，有利于提高器件的工作稳定性。

谐振频率温度系数 τ_f 在一定条件下与材料的热膨胀系数 α 和介电常数温度系数 $TK\varepsilon$ 有如下关系：

$$\tau_f = -\left(\alpha + \frac{1}{2}TK\varepsilon\right) \tag{4-29}$$

因而，为了确保谐振频率的热稳定性，微波介质陶瓷的介电常数温度系数 $TK\varepsilon$ 应与陶瓷自身的热膨胀系数 α 相互匹配补偿。由于陶瓷的热膨胀系数 α 一般为正值，约为 $(5\sim10)\times10^{-6}/℃$，因此微波介质陶瓷的 $TK\varepsilon$ 应为负值，且选值在 $TK\varepsilon \approx -2\alpha$ 左右。

此外，当微波介质陶瓷有多相存在时，体系的谐振频率温度系数 τ_f 为各相值之加和。例如，当一种微波介质陶瓷由两种介质相构成，则体系的 τ_f 为

$$\tau_f = x_1 \tau_{f_1} + x_2 \tau_{f_2} \tag{4-30}$$

其中 τ_{f_1} 和 τ_{f_2} 为两相各自的谐振频率温度系数，x_1 和 x_2 为两相的浓度（$x_1+x_2=1$）。利用 τ_f 的加和性，可使微波介质陶瓷的 τ_f 可调节。

4.2.2 微波介质陶瓷性能测试

与低频（<100MHz）用介电陶瓷材料一般采用的集总参数测试方法不同，微波介质陶瓷由于试样尺寸与波长接近，介电特性测试通常采用分布参数测试方法。在微波频段，介质材料的分布参数测试方法主要有传输线法和谐振法。对于微波介质陶瓷而言，由于材料的介电常数跨度大、介质损耗很低，使用谐振法较为适宜，其中两端短路型介质谐振器法因精度高、无损测试、简单快捷、易于操作，是目前国际上较为通用的测试方法。两端短路型介质谐振器法属于开腔法，又名平行板谐振法或圆柱型介质谐振器法，最早由 Hakki 和 Coleman 提出，所以这种测试方法也被称为 Hakki-Coleman 法。

对于微波介质谐振器，ε_r 决定 f_0，$\tan\delta$ 决定 Q，基于这一理论可以利用微波网络分析仪测试样品的微波介电性能。图 4.11 为两端短路型介质谐振器法测试原理图。将一个由微波介质陶瓷制作而成的圆柱型介质谐振器（例如直径 10mm，厚度 5mm 的陶瓷圆柱）放在两个彼此平行且无限大的导电金属板之间的中心位置（注意：实际测试时平行板尺寸只需为样品的数倍即可），构成一个半封闭型的传输谐振器。在两个导电板间的介质谐振器两侧分别插入两根探针型耦合天线，用以馈入和取出微波功率。将探针通过同轴电缆连接到测试主机——微波网络分析仪，借以标定谐振频率、插入损耗及谐振腔两侧的谐振线宽。由该系统可以测出一系列模式的谐振频率，然后根据相应的微波与电磁场理论计算出微波介质陶瓷的 ε_r 与 $Q(1/\tan\delta)$。另外，将介质谐振器测试夹具置于自动控温箱内，改变温度可以测试出 ε_r 与 Q 的温度系数以及 τ_f 的值。在实际测量中，谐振模式的准确识别至关重要。由于 TE_{011} 谐振峰在频谱图中易于确认，因而一般常用 TE_{011} 模来确定微波介质陶瓷样品的介电性能。

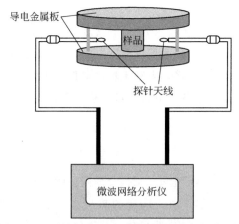

图 4.11 两端短路型介质谐振器法测试原理图

4.2.3 微波介质陶瓷应用及体系

随着移动通信与卫星通信的迅猛发展，高品质微波介质陶瓷的需求越来越大。目前，微波介质陶瓷在微波电路中的应用主要集中在两方面：一是用作微波电路基片、介质波导、介质天线和微波电容器等；二是用作微波介质谐振器。其中，微波介质谐振器是微波介质陶瓷应用的主要方向，可用于制作高品质滤波器和振荡器。

与传统的金属空腔谐振器相比，微波介质谐振器有诸多优点：微波介质陶瓷的介电常数高，有利于微波器件的小型化以及微波电路的集成化；微波介质陶瓷的品质因数高，有利于提升器件的工作效率，降低滤波器的插入损耗；微波介质陶瓷具有近零 τ_f，有利于保证器件和电路的高稳定性和高可靠性。

微波介质陶瓷可以按晶体结构、介电特性及应用领域进行分类，目前较常用的分类方法是按照 ε_r 大小进行分类。

(1) 低 ε_r 高 Q 值材料

此类介质材料主要用于 $f=8\sim30\text{GHz}$ 的高频微波频段的介质基片和卫星通信、军事通信系统中的介质谐振器等微波器件，典型参数为 $\varepsilon_r<30$，$Qf>50000\text{ GHz}$，$\tau_f\approx0$。

代表性的材料有复合钙钛矿结构的 A($B'_{1/3}B''_{2/3}$)O_3 系列材料，其中 A 是 Ba^{2+}、Sr^{2+}；B' 可以是 Mg^{2+}、Mn^{2+}、Co^{2+}、Ni^{2+}、Zn^{2+}；B'' 为 Ta^{5+} 或 Nb^{5+}，如 Ba($Zn_{1/3}Ta_{2/3}$)O_3（BZT）、Ba($Mg_{1/3}Ta_{2/3}$)O_3（BMT）、Ba($Zn_{1/3}Nb_{2/3}$)O_3（BZN）、Sr($Zn_{1/3}Nb_{2/3}$)O_3（SZN）及其之间的复合体系。另外，此类材料还包括 Al_2O_3、$MgAl_2O_4$、Zn_2SiO_4、Mg_2SiO_4、Mg_2TiO_4 等。

(2) 中 ε_r 中 Q 值材料

此类介质材料主要用于 $f=4\sim8\text{GHz}$ 的中频微波频段的军用雷达，卫星通信与移动通信基站中的微波介质器件，典型参数：$\varepsilon_r=30\sim70$，$Qf>20000\text{ GHz}$，$\tau_f\approx0$。

代表性的材料是 $BaO\text{-}TiO_2$ 体系中的 $BaTi_4O_9$ 和 $Ba_2Ti_9O_{20}$。此外，(Zr, Sn)TiO_4 的介电性能也较好，在 7GHz 下，$Qf=49000\text{GHz}$，$\varepsilon_r=38$，$\tau_f\approx0$，且通过掺杂改性，性能还能提升。

(3) 高 ε_r 低 Q 值材料

此类介质材料主要用于 $f=0.8\sim4\text{GHz}$ 低频微波频段的民用移动通信系统中作为介质

谐振器等微波介质器件,典型参数为$\varepsilon_r>70$,$Qf>5000$GHz,$\tau_f\approx 0$。

代表性的材料是BaO-Ln$_2$O$_3$-TiO$_2$体系(BLT,其中Ln为La、Sm、Nd、Pr、Gd等稀土元素或其复合)。BLT系微波介质陶瓷已得到广泛应用,经改性后的材料体系ε_r可达90~100。此外,该类材料还包括CaO-Li$_2$O-Ln$_2$O$_3$-TiO$_2$系列[(Li$_{1/2}$Ln$_{1/2}$)TiO$_3$与CaTiO$_3$的复合体系]以及铅基复合钙钛矿系列,如(Pb$_{0.7}$Ca$_{0.3}$)ZrO$_3$、(Pb$_{0.4}$Ca$_{0.6}$)(Mg$_{1/3}$Nb$_{2/3}$)O$_3$、(Pb$_{0.45}$Ca$_{0.55}$)(Fe$_{1/2}$Nb$_{1/2}$)O$_3$等。铅基钙钛矿系列材料的介电常数较高,谐振频率温度系数较小,钙钛矿结构的可调性强,但缺点是含有重金属铅,不利于生态环境保护。

表4.7列出一些代表性的微波介质陶瓷材料及其介电性能。

表4.7 代表性微波介质陶瓷材料及其介电性能

材料体系	ε_r	Qf/GHz	$\tau_f \times 10^{-6}$/℃
Al$_2$O$_3$-TiO$_2$	10	300000	0
Ba(Sn,Mg,Ta)O$_3$	25	200000	0
Ba(Mg,Ta)O$_3$	25	176400	4.4
Ba(Zn,Ta)O$_3$	30	168000	0
Ba$_2$Ti$_9$O$_{20}$	37	57000	-6
ZnTa$_2$O$_6$	38	65200	9
(Zr,Sn)TiO$_4$	38	62000	0
ZnNb$_2$O$_6$-TiO$_2$	45	48000	0
CaTiO$_3$-NdAlO$_3$	45	45000	0
CaTiO$_3$-Ca(Al$_{1/2}$Nb$_{1/2}$)O$_3$	48	32100	-2
La$_{2/3}$TiO$_3$-NiTiO$_3$	69	16960	18
Bi(Fe,Mo,V)O$_4$	75	13000	20
TiO$_2$-Bi$_2$Ti$_4$O$_{11}$	80	9500	0
BaSm$_{1.8}$La$_{0.2}$Ti$_5$O$_{14}$	91	8900	4
Pb$_{0.4}$Ca$_{0.6}$[(Fe$_{1/2}$Nb$_{1/2}$)$_{0.9}$Ti$_{0.1}$]O$_3$	95	6000	10
CaTiO$_3$-(Li$_{1/2}$Nd$_{1/4}$Sm$_{1/4}$)TiO$_3$	124	5110	12.5

4.3 强介铁电陶瓷

4.3.1 铁电陶瓷与自发极化

在4.1.1节中,介绍了电介质的各种极化类型,所有这些极化机构都是在外电场作用下建立起来的。没有施加外电场时,这些电介质的极化强度为零;施加外电场时,电介质的极化强度(P)与电场强度(E)呈正比关系,因而这类电介质又被称为线性介质或线性介电体,如图4.12(a)所示。此外,还有一类电介质,极化强度与电场强度的关系呈现出非线性的滞后回线特征,如图4.12(b)所示,由于回线形状与铁磁体中磁化强度(M)和磁场强度(H)间的磁滞回线形状相似,因而人们将此类介电体称为铁电体,该特征回线称为电滞回线或铁电回线。实际上,铁电体的性质与材料中是否含有"铁"毫无关系。与铁电体类似，还有一类称作铁弹体的材料，并非材料成分中含有铁元素，而是由于材料的机械形变对外加应力的响应也呈现出非线性的滞后回线特征。物理学上将材料的物理性质对外加信号所出现的滞后回线性质统称为铁性，相关材料被称作铁性体。目前研究较多的铁性体主要有铁磁体、铁电体和铁弹体。

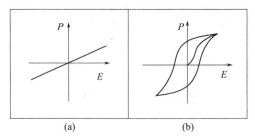

图 4.12　电介质 P-E 关系示意图
(a) 线性介电体；(b) 非线性铁电体

历史上的铁电现象于 1920 年由法国科学家 Joseph Valasek 在罗息盐（酒石酸钾钠，$NaKC_4H_4O_6 \cdot 4H_2O$）中首次发现。目前，已有的铁电体类型包括分子型铁电体、聚合物铁电体、铁电陶瓷、单晶及其复合材料等，其中铁电陶瓷因制备工艺相对简单，温度稳定性好，综合电学性能优异而成为铁电体研究与应用中的主体材料。所谓铁电陶瓷，是指具有自发极化，且自发极化方向为外电场转向的一类功能陶瓷。由于其相对介电常数可高达 $10^3 \sim 10^4$，故又称为强介铁电陶瓷。以 $BaTiO_3$ 和 $Pb(Zr, Ti)O_3$ 为代表的铁电陶瓷在电子信息领域中应用极为广泛，是构建众多电子陶瓷元器件的基础材料。例如，基于铁电陶瓷的高介电特性，可用于制作小体积、大容量的多层陶瓷电容器；基于铁电陶瓷的极化反转特性，可用于制作铁电薄膜存储器；基于铁电陶瓷的压电效应，可用于制作压电传感器、换能器等压电器件（该部分将在第 5 章详述）；基于铁电陶瓷的热释电效应，可用于制作热释电传感器、探测器等。

铁电体中存在的特殊极化类型是自发极化，这种极化状态的建立与外电场无关，是由晶体自身的结构特点所造成的。在某一温度范围内，当不存在外加电场时（外电场为零），原胞中的正负电荷中心不互相重合，每一个原胞具有一定的固有偶极矩，这种晶体的极化形式就是自发极化。具有自发极化的晶体通常称为极性晶体，出现自发极化的必要条件是晶体不具有对称中心。

极性晶体的热释电效应与自发极化相关。如图 4.13 所示，具有自发极化的极性晶体是一个永久带电体，自发极化建立的表面束缚电荷被外来的表面自由电荷所屏蔽，因而束缚电荷建立的电场会被抵消。但是当温度发生改变，例如升高时，极性晶体中离子键的键长和键角会发生变化，引起自发极化强度的改变，致使束缚在表面的自由电荷层部分释放掉，晶体呈现出带电状态或在闭合电路中产生电流，该现象称为热释电效应。此外，应力同样也会改变极性晶体中离子间距离和键角，引起自发极化强度的改变，因而，极性晶体一定也是压电体。

极性晶体等同于热释电体，而铁电体则是热释电体的一个分支。根据对称性，晶体被划分为 32 种点群。在晶体的 32 种点群中，有 21 种不具有对称中心，其中 20 种呈现压电效应

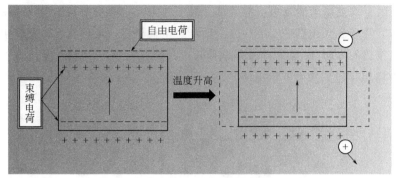

图 4.13 热释电效应原理图

(压电效应是一种机电耦合效应,具体介绍见第 5 章),而这 20 种压电晶体点群中有 10 种(1、m、$mm2$、2、3、$3m$、4、$4mm$、6、$6mm$)为极性晶体点群,结构上的单一对称轴成为极轴,具有自发极化现象。因极性晶体受热会产生电荷,又称为热释电体。大多数热释电体的自发极化强度很高,处于极度极化状态,外电场即使是击穿电场,也很难使热释电体的自发极化沿着空间的任意方向定向。但有,仍有部分热释电体的自发极化强度矢量在外电场作用下能够由原取向转变到其他能量较低的方向,且晶体构造不发生大的畸变,这类热释电体即为铁电体。这也就是说,铁电体不仅可以自发极化,而且自发极化方向能为外电场转向。基于以上分析,可得到铁电体、热释电体与压电体的从属关系,如图 4.14 所示:具有铁电性的晶体,必定有热释电性和压电性;有热释电性的晶体,必定有压电性,却不一定有铁电性。铁电体是热释电体的一个亚族,热释电体是压电体的一个亚族,它们均属于介电体范畴。

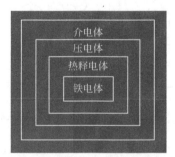

图 4.14 铁电体、热释电体与压电体的从属关系

根据自发极化起因,铁电体主要可归为两大类:一类是有序-无序型铁电体,其自发极化的起因同个别离子的有序化相关联;另一类是位移型铁电体,其自发极化起因与一类离子的亚点阵相对于另一类离子亚点阵的整体位移相关。在电子陶瓷领域中广泛应用的铁电体以位移型铁电体为主,如 $BaTiO_3$、$PbTiO_3$、$KNbO_3$ 等。

以典型的钙钛矿型铁电体 $BaTiO_3$ 为例,分析位移型铁电体的自发极化起因,如图 4.15 所示。在钙钛矿晶体结构中,Ti^{4+} 位于 $[TiO_6]$ 八面体的体心位置。由于 Ti^{4+}-O^{2-} 间距大(2.005 Å),Ti^{4+} 在氧八面体中有位移的余地,能够产生振动。在温度较高时 ($T>120℃$),Ti^{4+} 的热振动能较大,处在各方的概率相同,即稳定地偏向某一个氧离子的概率为零,因而晶胞内不会产生电偶极矩,自发极化为零,此时为立方顺电体。当温度降低时($T<$

120℃），Ti^{4+} 因平均热振动能减小，不足以克服 Ti^{4+} 与 O^{2-} 间的电场作用，会在偏心的平衡位置固定下来，由于正负电荷中心发生分离而产生电偶极矩，从而引起自发极化。在晶体对称性上，Ti^{4+} 位移的方向（c 轴）晶轴略微伸长，其他方向（a、b 轴）略微缩短，即此时晶体已经由立方顺电体转变为四方铁电体。

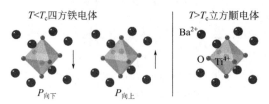

图 4.15 $BaTiO_3$ 中与离子位移相关的自发极化起因

在 ABO_3 钙钛矿型结构中，主要有两类配位多面体基元：[BO_6] 八面体和 [AO_{12}] 多面体。图 4.16 对比了 $BaTiO_3$ 与 $PbTiO_3$ 晶胞中各离子的位移情况。对于 $BaTiO_3$，自发极化主要源于 [TiO_6] 八面体中心 Ti^{4+} 的位移，Ti3d-O2p 的电子轨道杂化对铁电性做出主要贡献；对于 $PbTiO_3$，除 [TiO_6] 八面体外，由于 Pb6s-O2p 存在着强电子轨道杂化，因而 [AO_{12}] 多面体对铁电性也做出重要贡献。对比测试数据可见，在室温下，$PbTiO_3$ 的自发极化强度（$P_s = 57 \times 10^{-12} C/m^2$）显著大于 $BaTiO_3$（$P_s = 26 \times 10^{-12} C/m^2$）。

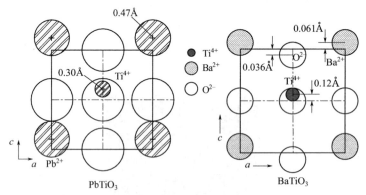

图 4.16 $BaTiO_3$ 与 $PbTiO_3$ 晶胞中各离子的位移情况

4.3.2 居里温度与电畴结构

铁电体的自发极化一般在一定的温度范围内呈现，当温度高于某一临界温度时，自发极化消失，铁电体从铁电相转变为非铁电的顺电相，该临界温度称为居里温度（T_c）。居里温度是铁电性完全消失的最后转变温度，是自发极化稳定程度的量度。对于 ABO_3 钙钛矿型铁电体，如 $BaTiO_3$，T_c 反映了 B 离子偏离氧八面体中心后的稳定程度。B-O 间互作用能较大，则需要较高的热运动能才能使 B 离子恢复到对称平衡位置，从而摧毁铁电性（铁电相→顺电相），此时 T_c 高。反之亦然。对于铁电体，铁电-顺电相变是由晶体结构发生改变造成的，因此是一种结构相变。对于相变行为，共同特征之一是对称性的变化，通常情况下，低温相的对称性较低，高温相的对称性较高。高温相的一些对称元素在低温相中不复存在，这被称为对称破缺。铁电-顺电相变即是一种对称破缺现象，铁电相（低温相）的晶体结构对称性要比顺电相（高温相）的对称性低。

系统对称性的改变反映了系统内部有序化程度的变化，有序化程度的提高一定伴随有对称性的降低。序参量是描述系统内部有序化程度的参量，在高对称相中序参量等于零，在低对称相中序参量不等于零。在不同的相变中，作为序参量的物理量是不同的，对于铁电相变，此时序参量为自发极化。自发极化与对称破缺二者对温度的依赖关系有所差异，自发极化在相变点的变化可以是连续的，也可以是突变的，但对称破缺只能是突变的。按照相变的热力学特征，铁电相变可以分为一级相变和二级相变两大类见图4.17。一级相变铁电体在相变点上两相共存，自发极化强度 P_s 突变到零，此外，相变伴随有潜热和热滞现象，$BaTiO_3$、$PbTiO_3$ 等钙钛矿结构铁电体属于一级相变。二级相变铁电体在相变点上，自发极化强度 P_s 连续下降到零，相变没有潜热和热滞，磷酸二氢钾（KDP）等水溶性铁电体发生二级相变。

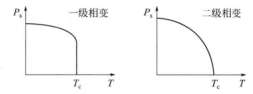

图 4.17 铁电体的自发极化强度与温度的关系

铁电体在被加热至熔融前，所能达到的对称性最高的相称为原型相。对于 $BaTiO_3$，其原型相为立方对称的钙钛矿相。绝大多数铁电体，在熔化或分解以前都将发生铁电—顺电相变。对于一些铁电体，在低于铁电—顺电相变温度时，即在居里温度 T_c 以下，还有可能发生不同铁电相之间的转变。例如对于 $BaTiO_3$，除了在 $T_c=120℃$ 处由立方顺电相转变为四方铁电相外，在低温（0±5）℃处还会由四方铁电相转变为正交铁电相，在更低温度（-90±9）℃处又由正交铁电相转变为三方铁电相，如图4.18所示。这些在自发极化状态发生变化时对应的温度均属于铁电-铁电相变温度（或称为转变温度），而只有高温处的铁电-顺电相变温度才被定义为居里温度。铁电体的电学、力学、光学和热学等物性在居里温度及其他极化状态发生改变的结构相变温度附近时，都会呈现出反常变化，这一现象被称为临界现象。例如，大多数铁电体的介电常数在居里温度处呈现峰值，其数量级可达 $10^4 \sim 10^5$，此即

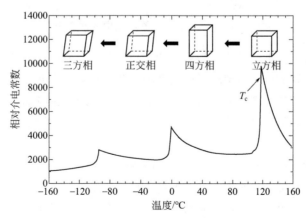

图 4.18 $BaTiO_3$ 介温谱、晶体对称性与居里相变

铁电体的"介电反常",基于该现象可以用来确定铁电陶瓷材料 T_c 的具体位置,如图 4.18 所示。在铁电体的其他转变点处,介电性能也会出现类似的反常变化,但是其反常程度要比居里温度处低。

对于铁电体,当温度高于居里温度时,在顺电相区域内介电常数与温度的关系服从居里-外斯定律(Curie-Weiss law):

$$\varepsilon_r = \frac{C}{T-T_0} \qquad (4\text{-}31)$$

式中,C 为居里-外斯常数;T 为绝对温度;T_0 为居里-外斯温度或特征温度。对于一级相变铁电体,$T_0 < T_c$,对于二级相变铁电体,$T_0 = T_c$。

通常,一个铁电体并非在一个方向上单一地产生自发极化。例如,对于钙钛矿型 $BaTiO_3$ 晶体,居里温度以下的非对称四方相的每一个晶胞内自发极化沿 c 轴取向,但由于四方晶系的 c 轴是由立方原型相中三根轴的任一轴转变而成的,因而铁电体中的自发极化方向会出现不同,互相成 90°或 180°。但是,在一个小区域内,各晶胞的自发极化方向均相同,这个区域被称为铁电畴或电畴。电畴与电畴之间的边界,即分隔相邻电畴的界面称为畴壁。铁电体通常是多电畴体,每个电畴中的自发极化具有相同的取向,不同电畴中自发极化强度的取向间存在着简单的几何关系。例如,对于室温下的 $BaTiO_3$ 四方铁电相,自发极化方向沿 [001] 取向,存在两类畴壁:180°畴壁和 90°畴壁,如图 4.19 所示。为了使体系能量最低,避免畴壁上出现自由电荷的积累,相邻电畴的自发极化方向呈现出"首尾相连"的排列模式。此外,当温度下降至 (0±5)℃处,$BaTiO_3$ 晶胞结构转变为正交对称,此时自发极化沿 [011] 取向,有 60°和 120°畴壁出现。当温度继续降低到 (−90±9)℃附近,$BaTiO_3$ 晶胞结构又转变为三方对称,此时自发极化沿 [111] 取向,有 71°和 109°畴壁出现。

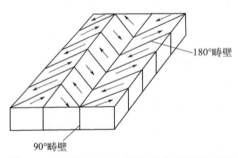

图 4.19 $BaTiO_3$ 四方铁电相中的两类畴壁

在多晶铁电陶瓷中,电畴尺寸与晶粒尺寸密切相关,一般情况下每个陶瓷晶粒内会包含有多个电畴。铁电陶瓷的电畴构型可以通过多种实验分析方法获得。图 4.20(a) 和 (b) 分别为采用透射电镜 (TEM) 和压电力显微镜 (PFM) 观测得到的 $Pb(Zr,Ti)O_3$ 基铁电陶瓷内部的电畴图案。深入研究电畴构型调控方法及其与电性能的关联机理对发展高性能压铁电陶瓷器件至关重要。

常规工艺制备的铁电陶瓷的内部晶粒排列无规则,这使得不同晶粒中各电畴的相对取向也无规律性,因此铁电陶瓷宏观上对外不显示极性。但是,在强外电场作用下,电畴总是要趋于与外电场方向一致,即出现多畴晶体单畴化。在强外电场作用下,多畴晶体自发极化平行于或接近平行于外电场方向的电畴体积将会由于新畴核的形成和畴壁的运动而迅速扩

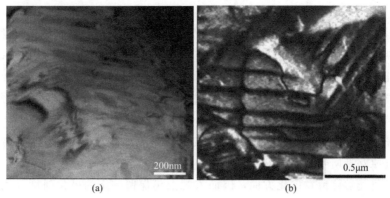

图 4.20　不同分析方法测试的 Pb(Zr，Ti)O₃ 基铁电陶瓷的电畴图案
(a) TEM；(b) PFM

大，其他方向的电畴体积则会迅速减小并消失，结果整个晶体转变为一个单电畴体。在外电场作用下，新畴核的形成和畴壁运动的动力学过程称为电畴的反转过程，这种反转过程具有滞后特征。实验中，通过测量铁电体在交变电场作用下极化强度 P 随外加电场强度 E 的变化轨迹，可以得到非线性的滞后回线，该回线即为电滞回线，或称为铁电回线。电滞回线是铁电体的重要物理特征，是判别铁电性的重要标志。电滞回线表明铁电体中存在电畴，其非线性特征归结于电畴在外电场作用下运动的宏观表现。

图 4.21 为典型铁电体的电滞回线和外电场作用下电畴的取向转变过程示意图。以只含有 90° 和 180° 畴壁的四方 $BaTiO_3$ 铁电体为例，以下对电滞回线的形成过程进行解析。

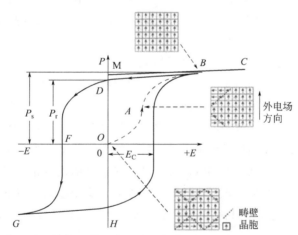

图 4.21　典型铁电体的电滞回线和外电场作用下电畴的取向转变过程示意图

(1) OAB 段

在没有外加电场时，铁电体中各电畴互相补偿，对外宏观极化强度为零，此时的状态处在图中 O 点。当外电场施加于铁电体时，沿电场方向的电畴扩展变大，而与电场方向不同的电畴则变小，如图中 OA 段曲线。继续增大外电场强度，极化强度持续增加，最后铁电体内的电畴方向都趋于外电场方向，此时类似于单畴，极化强度达到饱和，相当于图中 B 点。

(2) BC 段

由 B 点出发继续增加电场，对于铁电体已无畴的转向发生，只有电子位移极化和离子位移极化贡献，此时类似于普通介电体，P 随 E 的变化呈现线性关系，如图 4.21 中 BC 段曲线。将线性部分外推至 $E=0$ 时（线性部分的延长线），纵轴上的截距（线段 OM）即为饱和极化强度或自发极化强度 P_s。实际上，P_s 相当于每个电畴的固有饱和极化强度。

(3) BD 段

如果电场强度自 B 处开始降低，铁电体的极化强度也随之减小。但是，极化强度并不会沿初始轨迹原路返回到零。在 $E=0$ 时，尽管部分电畴由于内应力作用会偏离极化方向，但大部分电畴仍能够停留在极化方向，因而宏观上仍保留一定的极化强度（线段 OD），称作剩余极化强度 P_r。由于分裂出少量反向畴，所以剩余极化强度 P_r 比自发极化强度 P_s 要小。

(4) DF 段

继续反方向施加电场，铁电体中越来越多的电畴会转向新的电场方向，这导致宏观极化强度逐渐减小。当反向电场足够大时，铁电体内沿电场方向和逆电场方向的电畴体积相等，宏观极化强度归为零，剩余极化被全部去除，此时的外电场强度（OF 线段）称作矫顽电场强度 E_c，简称矫顽场。注意如果矫顽电场强度 E_c 大于晶体的击穿场强，那么在极化强度反向前，晶体已经发生击穿，这种情况下就不能确定该晶体具有铁电性。

(5) FG 段

由 F 点出发，继续增加反向电场强度，则宏观极化强度也开始反向，最后所有电畴都在反方向上完成定向，此时极化强度达到饱和，相当于图中的 G 点。继续增大电场强度，则会出现与前述 BC 段类似的线性行为。要是电场重新下降并返回正向，则 $P\text{-}E$ 曲线会按 GHB 路径返回到 B 点，这样就完成了整个闭合的电滞回线。电场每变化一周，上述循环发生一次。

此外，有一类被称作反铁电体的材料，如 $PbZrO_3$，其 $P\text{-}E$ 曲线呈现出不同于铁电体电滞回线的双电滞回线特征，如图 4.22 所示。对于反铁电体，晶体结构是由两种子晶格交错而成，子晶格之间出现沿反平行方向排列的自发极化，因而净自发极化强度为零。当施加的外电场低于反铁电相转变为铁电相的相变场强，即临界电场强度时，晶体表现出线性介电体的性质。当施加的电场高于临界电场强度时，极化值突然增大并趋于饱和。此时，晶体表现出典型铁电体极化性质。当减小电场时，又会导致场诱导的铁电相返回到反铁电相。同样，施加反向电场时，电极化响应呈现相似的特征。因而在交变电场作用下，出现双电滞回线。反铁电-铁电转变表明铁电态的自由能与反铁电态的自由能非常接近，施加外电场有利于铁电态形成。

反铁电体也有临界温度——反铁电居里温度，在其附近会呈现出类似铁电体的介电反常特性，如图 4.23 所示。$PbZrO_3$ 的居里温度为 230℃，在居里温度以上，$PbZrO_3$ 属于顺电态，其介电常数与温度的关系服从居里-外斯定律；在居里温度以下，$PbZrO_3$ 则属于反铁电态，其反铁电-顺电相变为一级相变。除 $PbZrO_3$ 外，具有反铁电性的钙钛矿氧化物还有 $PbHfO_3$、$NaNbO_3$ 以及 $AgNbO_3$ 等。通常情况下，诱发反铁电-铁电转变的临界电场强度会呈现出随温度下降而增加的变化趋势。此外，在反铁电体中引入其他杂质元素，如对于 $PbZrO_3$，用极少量 Ti^{4+} 替代 Zr^{4+}，即使没有外电场作用，体系也会呈现铁电态。

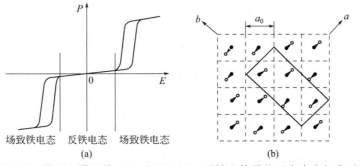

图 4.22 PbZrO₃ 的双电滞回线（a）和 PbZrO₃ 反铁电体晶格反向自发极化示意图（b）

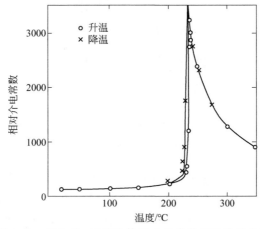

图 4.23 PbZrO₃ 反铁电体的介电常数与温度的关系

4.3.3 钛酸钡电容器瓷改性

铁电陶瓷的介电常数比高介电容器瓷（4.1 节）要高很多，一般在 1000 以上，有些高达 10000 甚至 20000 以上。铁电陶瓷有如此高的介电常数，是由于其内部存在自发极化，因此带来一些不同于高介电容器瓷的特点。高介电容器瓷的介电常数与温度之间几乎呈线性关系，介质损耗较小，在电子线路中主要应用于高频范围，因此也常被称作高频介质瓷或 1 类（Ⅰ型）电容器瓷。铁电陶瓷的介电常数随温度的变化呈非线性关系，同时介质损耗也要比高介电容器瓷大很多，主要原因是电畴运动和自发极化的定向要消耗大量电能。铁电陶瓷作为电容器瓷主要应用于低频范围，称为铁电介质瓷或 2 类（Ⅱ型）电容器瓷。

BaTiO₃ 是重要的铁电介质瓷基础材料，其粉体合成工艺除采用常规的固相煅烧法外，水热法、共沉淀法等化学法也在工业生产中广泛应用。BaTiO₃ 体系中的 Ba/Ti 比对陶瓷的烧结和介电性能有显著影响。图 4.24 为 BaO-TiO₂ 体系相图。当 TiO₂ 过量（Ba/Ti＜1）时，体系会形成 Ba₆Ti₁₇O₄₀ 第二相（B₆T₁₇），使陶瓷晶粒长大且分布不均匀。而 BaO 过量时，体系中易形成 Ba₂TiO₄ 晶相（B₂T），使 BaTiO₃ 的烧结温度提高并抑制晶粒生长。合理设计瓷料配方与精细化控制 BaTiO₃ 铁电介质瓷的生产工艺对制造高品质 BaTiO₃ 基陶瓷电容器至关重要。

纯 BaTiO₃ 在室温附近的介电常数随温度变化较为平坦，但是在居里温度（120℃）附

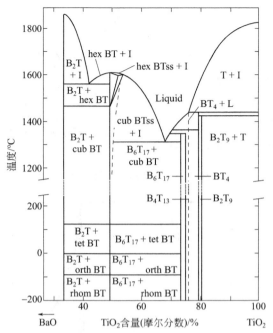

图 4.24 BaO-TiO$_2$ 体系相图（TiO$_2$ 含量大于 34%）

近，介电常数会快速增加，可高达 6000~10000，呈现出突兀的居里峰，见图 4.18，这不利于在电容器上应用。为了制造具有良好介温稳定性的小体积大容量 BaTiO$_3$ 基陶瓷电容器，在实际生产中常用的方法包括利用移峰效应和压峰效应调节居里峰，以及通过构建芯壳结构和基于晶粒尺寸效应对 BaTiO$_3$ 瓷料进行改性，从而提升宽温区的工作稳定性及相关介电品质。

(1) 移峰效应

在铁电体中引入某种添加物生成固溶体，改变原来的晶胞参数和离子间的相互联系，使居里温度向低温或高温方向移动，称为"移峰效应"，这些添加物被称为移峰剂。移峰的目的是在以室温为中心的电容器宽工作温区范围内，使陶瓷材料的介电常数与温度的关系尽可能平缓，即要求居里温度远离室温温度。不同添加物对 BaTiO$_3$ 的移峰效应，如图 4.25 所示。例如，在 BaTiO$_3$ 中加入 PbTiO$_3$ 可使居里温度显著升高，而加入 SrTiO$_3$ 则效果相反。

对于由两种铁电体形成的固溶体，居里温度 T_c 的移动效率可简单由下式计算：

$$\eta = (T_{CB} - T_{CA})/100 \tag{4-32}$$

式中，η 为移动效率，表示每 1%（摩尔分数）移峰剂所产生的居里温度移动数，单位为 ℃/%；T_{CA} 为基质铁电体的居里温度；T_{CB} 为移峰剂铁电体的居里温度。该公式对于等数、等价取代固溶体大多适用，但是对其他取代方式，例如移峰剂是没有居里温度的非铁电体时，则不适用。

(2) 压峰效应

压峰效应也称作展宽效应，即通过引入某种添加物使铁电陶瓷的介电常数与温度关系曲线中的峰值扩展得尽可能宽阔、平坦。通过压峰效应不仅要实现压低居里峰，更重要的是要使峰值两侧的肩部上举，这样才能使陶瓷材料在具有较小温度系数的同时，又具有较大的

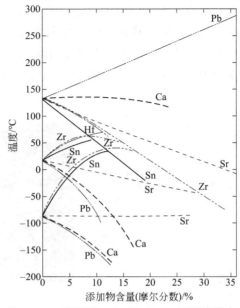

图 4.25 不同添加物对 $BaTiO_3$ 的移峰效应

介电常数值。常用的展宽剂一般为非铁电体，如 $CaZrO_3$、$CaTiO_3$、$MgTiO_3$、$MgSnO_3$、$CaSnO_3$ 等，其机理主要是这些展宽剂固溶于 $BaTiO_3$ 中时，总是作 A 位或 B 位取代，钙钛矿结构中的 A 位和 B 位离子，将会均匀地分布于相应的晶格位置之中。因而，非铁电体的加入会破坏原有铁电体基体内的离子排布与自发极化耦合，即弱化铁电态，从而减弱介电非线性。例如，在铁电体 $BaTiO_3$ 中引入一定量的非铁电体 $MgTiO_3$，具有显著的展宽效应，能够在宽温区内保持高介电常数的同时，显著提升材料的介电温度稳定性，如图 4.26 所示。

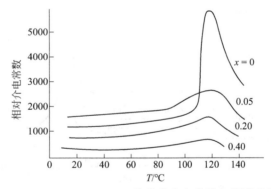

图 4.26 $(Ba_{1-x}Mg_x)TiO_3$ 陶瓷的介电常数与温度的关系

（3）芯壳结构

在 $BaTiO_3$ 基陶瓷烧结过程中添加一些特定的掺杂物，如 Nb_2O_5 和稀土氧化物等，利用铌或稀土元素非均匀的梯度扩散特点，促进陶瓷显微组织中形成不均匀结构——"芯壳结构"，其中，"核芯"部分是具有电畴结构的纯 $BaTiO_3$ 或杂质含量很少的 $BaTiO_3$ 铁电相；"壳层"部分是富含杂质的 $BaTiO_3$ 顺电相或弱铁电相。这类具有"芯壳结构"的 $BaTiO_3$ 瓷介温稳定性好，适用于陶瓷电容器。图 4.27 为 Y_2O_3 掺杂 $BaTiO_3$ 基陶瓷的介温谱及"芯壳结构"电镜照片。介温谱呈现"双峰"特征，使得整个曲线在 125℃ 以下较为平坦。在介温谱中，125℃ 附近的介电峰是居里峰，主要由含四方电畴结构的强铁电性"欠 Y^{3+}"$BaTiO_3$"核"所贡献，而室温附近的介电峰主要源于弱铁电性的"富 Y^{3+}"$BaTiO_3$"壳"所贡献。

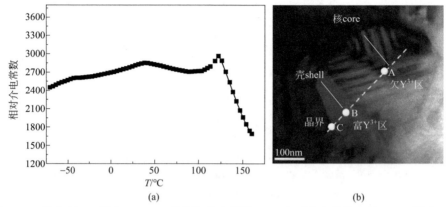

图 4.27　稀土 Y_2O_3 掺杂 $BaTiO_3$ 基陶瓷的介温谱（a）和"芯壳结构"的 TEM 照片（b）

（4）晶粒尺寸效应

大量实践证明，$BaTiO_3$ 陶瓷的晶粒尺寸细化（<10μm）可以起到提升室温介电常数，改善介温特性的作用。不同晶粒尺寸 $BaTiO_3$ 陶瓷的介温谱如图 4.28 所示。在一定晶粒尺寸范围内，晶粒大小变化对温度转变的影响较小，但是室温介电常数会随晶粒尺寸的减小而增大，且在低于居里温度的较宽温区范围内，细晶陶瓷的介电常数均大于粗晶陶瓷的介电常数。

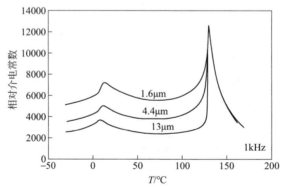

图 4.28　不同晶粒尺寸 $BaTiO_3$ 陶瓷的介温谱

这一现象在铁电陶瓷中较为普遍，被称为铁电陶瓷介电常数的"晶粒尺寸效应"。需要说明的是，严格地讲，铁电体的尺寸效应不同于陶瓷中的晶粒尺寸效应，只有自由状态的铁电微晶的尺寸效应才是铁电体的本征尺寸效应。对于 $BaTiO_3$ 陶瓷，室温（或较高温度）介电常数在晶粒尺寸约为 1μm 时会呈现峰值，而当晶粒尺寸减小至纳米尺度范围时，陶瓷介电常数又出现持续降低现象。对这种规律性变化可综合畴壁模型和应力模型进行解释。铁电陶瓷是包含晶粒和晶界结构的多晶体，与晶粒相比，晶界的介电常数较低。随晶粒尺寸减小，晶界所占的体积分数增大，这会起到减小介电常数的作用。但是，另一方面，需要考虑畴壁和内应力因素。电畴尺寸与晶粒尺寸密切相关，研究显示电畴尺寸正比于晶粒尺寸的平方根。小晶粒中电畴尺寸较小，单位体积内畴壁面积增大，因而畴壁运动对介电常数的贡献增加，会引起铁电陶瓷介电常数的升高。畴壁对介电常数的贡献（ε_w）如下式所示：

$$\varepsilon_w = \frac{k}{\sqrt{a}} \tag{4-33}$$

式中，a 是晶粒尺寸；k 为比例系数。

此外，晶粒尺寸减小也会引起铁电陶瓷内应力的增强，这也是导致介电常数增加的重要因素。因而，一般在微米尺度范围内，铁电陶瓷的介电常数会随晶粒尺寸的减小而增加。但是，当晶粒尺寸进一步减小，特别是在纳米尺度范围时，由于晶体结构对称性增加，接近于立方，因此介电常数又呈现出降低趋势。

对于 $BaTiO_3$ 电容器瓷改性，有以下几点还需要加以注意：

① $BaTiO_3$ 基陶瓷电容器主要用于低频线路中，虽然其介质损耗的限度没有高频介质瓷要求高，但是在工作温区内仍需控制在 2‰～3‰，以保证元器件与线路的稳定性。

② $BaTiO_3$ 基陶瓷电容器如长期工作在高温（≥85℃）、高湿以及直流电场条件下，易发生钛离子变价（$Ti^{4+} \rightarrow Ti^{3+}$）而造成绝缘电阻下降。因而要求 $BaTiO_3$ 电容器瓷具有高致密度和低缺陷浓度，确保高的体电阻率，室温值一般要大于 10^{10} Ω·m。

③ $BaTiO_3$ 基陶瓷电容器的介电强度要尽可能高，特别是作为高压和大功率电容器使用时，这一点尤其重要，高介电强度有利于增强储能特性，防止因击穿而造成的元器件失效。

4.4 弛豫铁电陶瓷

4.4.1 弛豫铁电体及其特性

铁电陶瓷中应用最多的是 ABO_3 钙钛矿型铁电体。按晶体结构分类，钙钛矿型铁电体可分为简单型和复合型两大类。简单型铁电体 ABO_3 晶体结构中，A 位和 B 位仅有一个离子占据，如 $BaTiO_3$、$PbTiO_3$、$KNbO_3$ 等；复合型铁电体 ABO_3 晶体结构中，在满足电价平衡的条件下，A 位和 B 位可以有多种离子占据，从而形成特殊的复合钙钛矿结构。以铌镁酸铅 [$Pb(Mg_{1/3}Nb_{2/3})O_3$，缩写为 PMN] 为代表的众多铅基弛豫铁电体即具有这种复合钙钛矿结构。铅基弛豫铁电体的化学通式为 $Pb(B'B'')O_3$，其中 A 位主要被 Pb^{2+} 占据，B 位以 +4 价态为平衡电价参考，B' 为较低价阳离子（化合价 < +4），如 Mg^{2+}、Zn^{2+}、Ni^{2+}、Fe^{3+} 和 Sc^{3+} 等，B'' 为较高价阳离子（化合价 > +4），如 Nb^{5+}、Ta^{5+} 和 W^{6+} 等。在等同的晶格位置上存在一种以上的离子，这是弛豫铁电体的结构特点。

表 4.8 列出一些代表性的铅基弛豫铁电体 $Pb(B'B'')O_3$ 及其介电特性。已发现的弛豫铁电体除了 B 位复合钙钛矿结构材料，如 $Pb(Mg_{1/3}Nb_{2/3})O_3$、$Pb(Zn_{1/3}Nb_{2/3})O_3$ 等外，在一些 A 位复合钙钛矿结构材料，如 $(Na_{1/2}Bi_{1/2})TiO_3$、$(K_{1/2}Bi_{1/2})TiO_3$ 等中也观察到介电弛豫行为。

表 4.8　代表性铅基弛豫铁电体 Pb（B′B″）O_3 及其介电特性

化合物	英文缩写	特征温度 T_m/℃	介电常数极值 ε_{max}
Pb(Mg$_{1/3}$Nb$_{2/3}$)O$_3$	PMN	−10	18000
Pb(Zn$_{1/3}$Nb$_{2/3}$)O$_3$	PZN	140	22000
Pb(Ni$_{1/3}$Nb$_{2/3}$)O$_3$	PNN	−120	4000
Pb(Co$_{1/3}$Nb$_{2/3}$)O$_3$	PCoN	−70	6000
Pb(Mg$_{1/3}$Ta$_{2/3}$)O$_3$	PMgT	−98	7000
Pb(Sc$_{1/2}$Nb$_{1/2}$)O$_3$	PSN	90	38000
Pb(Sc$_{1/2}$Ta$_{1/2}$)O$_3$	PST	26	28000
Pb(Fe$_{1/2}$Nb$_{1/2}$)O$_3$	PFN	112	12000

与 BaTiO$_3$ 等简单钙钛矿结构的正常铁电体相比，以 PMN 为代表的复合钙钛矿结构铅基弛豫铁电体的介电行为具有弥散相变与频率色散的特点。

① 弥散相变　即顺电—铁电相变是渐变而非突变，相变实际发生在一个温度区间，这个温度区间称为居里温区，具体表现为介温谱中介电常数峰呈现宽化特征，而非如正常铁电体的尖峰。由于弛豫铁电体没有一个确定的居里温度 T_c，通常将介电常数最大值对应的温度 T_m 作为特征温度（类居里温度），在高于 T_m 附近仍存在自发极化和电滞回线。

② 频率色散　即弛豫铁电体的介温谱会随测试频率的改变而发生规律性变化，在介温谱 T_m 附近的低温侧，弛豫铁电体的介电常数峰和介质损耗峰随测试频率的升高而略向高温方向移动，同时介电常数峰值和介质损耗峰值分别略有降低和增加。

不同测试频率下弛豫铁电体 PMN 的介电常数与介质损耗随温度的变化曲线如图 4.29 所示。从图中可以清楚地看到 PMN 的弥散相变与频率色散特征。以 PMN 为代表的复合型铁电体的介电弛豫行为研究一直是电介质物理领域的重要课题，一些重要的理论模型，如成分起伏理论、有序-无序理论、宏畴-微畴理论、超顺电理论、玻璃态理论等被提出用于机理解析。现在普遍认为复合型铁电体的介电弛豫行为源于纳米尺度上晶体结构的不均匀性。因不同离子在等同晶格上的占位导致纳米极性微区（纳米畴）的生成，例如对于 PMN，复合钙钛矿结构中 B 位存在不同电价和离子半径的 Mg^{2+} 和 Nb^{5+}，其非均匀占位会诱发纳米极性微区的生成。纳米极性微区尺寸小，不同于正常铁电体中尺寸在亚微米级以上的电畴（宏畴），因而其对外电场的特征响应导致材料出现介电弛豫行为。

从结晶化学角度分析，钙钛矿晶体结构对不同元素的晶格占位有很强的容忍度。据此，可通过多离子复合占位设计新型的无铅弛豫铁电体。例如，通过在 BaTiO$_3$ 基体中的 A 位和 B 位分别引入 Bi^{3+} 和 Al^{3+} 两种离子，构建复合钙钛矿结构化合物 (Ba$_{0.9}$Bi$_{0.1}$)(Ti$_{0.9}$Al$_{0.1}$)O$_3$（缩写为 BBTA）。由于 A 位和 B 位均出现电价和离子半径不同的（Ba^{2+}，Bi^{3+}）与（Ti^{4+}，Al^{3+}）复合占位，破坏了 BaTiO$_3$ 基体中原有的长程铁电序，诱发纳米极性微区生成并导致介电弛豫行为。图 4.30 为不同频率下 BBTA 与 BaTiO$_3$ 的介电常数随温度的变化曲线。纯 BaTiO$_3$ 在 120℃ 附近呈现尖锐的介电常数峰，且峰位不随测试频率的改变而发生变化。BBTA 则表现出典型的弛豫铁电体介电特征，介电峰宽化且随测试频率的增加，介电常数峰向高温方向移动。

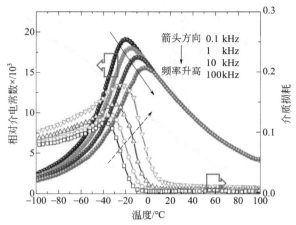

图 4.29　不同频率下弛豫铁电体 PMN 的介电常数与介质损耗随温度的变化曲线

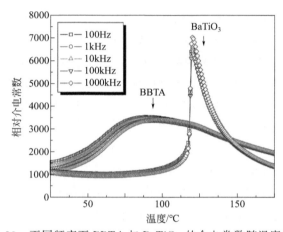

图 4.30　不同频率下 BBTA 与 $BaTiO_3$ 的介电常数随温度的变化曲线

不同于正常铁电体，弛豫铁电体的介电常数与温度的关系不符合居里-外斯定律，但是服从一类修正的居里-外斯关系式——UN 方程：

$$1/\varepsilon_r - 1/\varepsilon_m = (T-T_m)^\gamma/C \tag{4-34}$$

式中，ε_m 是介电常数极大值；ε_r 是温度为 T 时的相对介电常数；T_m 是介电常数极大值对应的温度；C 是居里常数；γ 是弥散因子。弥散因子是表征弛豫铁电体介电特性的重要参数，用于描述相变弥散程度，其取值为 1 时表示正常铁电体特征，取值为 2 时是完全弛豫体特征。

BBTA 陶瓷的 $\ln(1/\varepsilon_r - 1/\varepsilon_m)$ 与 $\ln(T-T_m)$ 的关系曲线如图 4.31 所示。实验数据与 UN 方程拟合良好，服从线性关系，拟合直线斜率得到弥散因子 γ 值为 2，表明 BBTA 陶瓷具有强介电弛豫特性。

4.4.2　铅基弛豫铁电体合成

尽管铅基弛豫铁电体具有优异的电学性能，但是其钙钛矿相稳定性较正常铁电体差，常规的固相制备过程中易出现焦绿石第二相。焦绿石相电性能极差，极少的含量就会显著恶化铅基弛豫铁电体的电学特性。以正常铁电体 $BaTiO_3$ 和 $PbTiO_3$ 的稳定性为参考，化学热力

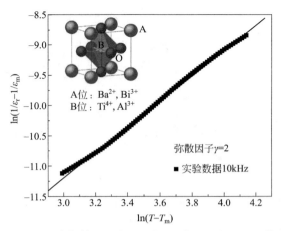

图 4.31　BBTA 陶瓷的 $\ln(1/\varepsilon_r - 1/\varepsilon_m)$ 与 $\ln(T-T_m)$ 关系曲线

学研究显示典型铅基弛豫铁电体的稳定性顺序如下：$Pb(Zn_{1/3}Nb_{2/3})O_3 < Pb(Ni_{1/3}Nb_{2/3})O_3 < Pb(Mg_{1/3}Nb_{2/3})O_3 < Pb(Fe_{1/2}Nb_{1/2})O_3 < Pb(Fe_{2/3}W_{1/3})O_3 < PbTiO_3 < BaTiO_3$。

合成铅基弛豫铁电体过程中焦绿石相的形成与各原料组分的反应能力相关。以常规一步法（即直接混合氧化物法）合成铅基弛豫铁电体 $Pb(Mg_{1/3}Nb_{2/3})O_3$ 为例，分析钙钛矿相与焦绿石相的形成过程。将 PbO、MgO 和 Nb_2O_5 三种原料直接混合并煅烧，由低温到高温，固相反应将经历三个阶段：

① $3PbO + 2Nb_2O_5 = Pb_3Nb_4O_{13}$　（530~600℃）

② $Pb_3Nb_4O_{13} + PbO = 2Pb_2Nb_2O_7$　（600~700℃）

③ $Pb_2Nb_2O_7 + 1/3MgO = Pb(Mg_{1/3}Nb_{2/3})O_3 + 1/3Pb_3Nb_4O_{13}$　（700~800℃）

其中，$Pb_2Nb_2O_7$ 是化学计量比的菱方焦绿石相，$Pb_3Nb_4O_{13}$ 是缺 A 位的立方焦绿石相。从常规一步法的反应历程看，难以得到纯钙钛矿相 $Pb(Mg_{1/3}Nb_{2/3})O_3$ 的主要原因在于 PbO、MgO 和 Nb_2O_5 三种氧化物的反应能力存在差异。MgO 是晶格能高的离子晶体，反应活性差，反应活性强的 PbO 极易与 Nb_2O_5 优先反应生成焦绿石相，从而导致后期难以获得纯钙钛矿相。

针对常规一步法难以合成纯钙钛矿相铅基弛豫铁电体的问题，一种简单有效的两步合成法被提出并用于抑制焦绿石相的生成。仍以 $Pb(Mg_{1/3}Nb_{2/3})O_3$ 的合成为例，两步合成法采用分步反应设计思路，通过调整 MgO 与 PbO 参与反应的顺序，确保纯钙钛矿相产物的高效制备。

第一步，先将两种 B 位氧化物 MgO 与 Nb_2O_5 反应，合成 $MgNb_2O_6$ 先驱体，反应式如下：

$MgO + Nb_2O_5 = MgNb_2O_6$　（1000℃）

第二步，$MgNb_2O_6$ 先驱体与 PbO 反应，生成 $Pb(Mg_{1/3}Nb_{2/3})O_3$ 钙钛矿相，反应式如下：

$MgNb_2O_6 + 3PbO = 3Pb(Mg_{1/3}Nb_{2/3})O_3$　（700~900℃）

此外，在固相合成时添加简单钙钛矿结构的化合物，如 $BaTiO_3$、$PbTiO_3$ 等作为稳定剂，也有利于制备纯钙钛矿相铅基弛豫铁电体。例如，对于铅基弛豫铁电体中极难合成的 $Pb(Zn_{1/3}Nb_{2/3})O_3$，添加摩尔分数为 6%~7% 的 $BaTiO_3$ 就可以获得纯钙钛矿相。表 4.9 列

出合成 $Pb(Zn_{1/3}Nb_{2/3})O_3$ 钙钛矿相所需的几种典型添加剂及其最小用量。

表 4.9　$Pb(Zn_{1/3}Nb_{2/3})O_3$ 钙钛矿相合成中所需的几种添加剂及其最小用量

添加剂	含量（摩尔分数）/%
$BaTiO_3$	6～7
$SrTiO_3$	9～10
$PbTiO_3$	25～30
$BaZrO_3$	15～18
$PbZrO_3$	55～60
$Ba(Zn_{1/3}Nb_{2/3})O_3$	15
$Pb(Zr_{0.47}Ti_{0.53})O_3$	40

4.4.3　电容器用弛豫铁电体

弛豫铁电体具有大的电致伸缩效应及滞后小、回零性和重现性好等特点，在高精度微位移器和致动器等方面有重要应用。此外，该类材料具有高介电常数、因弥散相变引起的低容温变化率以及相对较低的烧结温度等特点，也是重要的大容量陶瓷电容器材料。

例如，$Pb(Mg_{1/3}Nb_{2/3})O_3$-$PbTiO_3$-Bi_2O_3 体系属于已量化生产的低温烧结高介电常数瓷料。在该体系中，弛豫铁电体 $Pb(Mg_{1/3}Nb_{2/3})O_3$ 是主晶相，其特征温度 T_m 为 $-10℃$，介电常数极值 ε_{max} 为 18000。同时，$Pb(Mg_{1/3}Nb_{2/3})O_3$ 的成瓷温度在 1050～1100℃，接近银电极与瓷料的配合温度 900～910℃，因而有利于制作低温烧结的大容量陶瓷电容器。但是，$Pb(Mg_{1/3}Nb_{2/3})O_3$ 存在的主要问题是特征温度 T_m (类居里温度 T_c) 偏低和负温区介质损耗较大，如图 4.29 所示，因此需要进一步加以改性。$PbTiO_3$ 具有高居里温度（$T_c=490℃$），且能够与 $Pb(Mg_{1/3}Nb_{2/3})O_3$ 形成连续固溶体，因而适合作为移峰剂提升 $Pb(Mg_{1/3}Nb_{2/3})O_3$-$PbTiO_3$ 体系的居里温度并改进材料的负温区介质损耗特性。表 4.10 列出 $PbTiO_3$ 的加入量对 $Pb(Mg_{1/3}Nb_{2/3})O_3$ 基瓷料居里温度和烧成温度的影响。引入不同量的 $PbTiO_3$，不仅能够不同程度地移动体系居里温度，而且还可以改变介电常数与介质损耗的温度曲线。研究证实，$PbTiO_3$ 加入量在 10%～14%（摩尔分数）之间可获得高介电常数和低容温变化率的瓷料。

表 4.10　$PbTiO_3$ 的加入量对 $Pb(Mg_{1/3}Nb_{2/3})O_3$ 基瓷料居里温度和烧成温度的影响

编号	$PbTiO_3$ 加入量（摩尔分数）/%	居里温度/℃	烧成温度/℃
1	10	15	1100
2	14	45	1100
3	20	55	1100
4	30	85	1100
5	40	125	1100

但是，在 $Pb(Mg_{1/3}Nb_{2/3})O_3$ 中加入一定量的 $PbTiO_3$ 后，瓷料烧成温度仍高达 1100℃，无法与低成本的全银电极匹配。一种方法是在固溶体中引入一定量 Bi_2O_3 作为助熔剂，构建 $Pb(Mg_{1/3}Nb_{2/3})O_3$-$PbTiO_3$-Bi_2O_3 体系。Bi_2O_3 的熔点（825℃）低，且 Bi_2O_3 与 MgO 的共熔

点为785℃，与PbO的共熔点为730℃。因而，在$Pb(Mg_{1/3}Nb_{2/3})O_3$-$PbTiO_3$中引入Bi_2O_3助溶剂能够基于液相烧结机制大幅降低瓷料体系的烧成温度。需要注意的是，为了补偿烧结过程中PbO和Bi_2O_3的挥发损失，实际瓷料配方中PbO和Bi_2O_3还须适度过量。

此外，$Pb(Cd_{1/2}W_{1/2})O_3$也可用作助熔剂以替代Bi_2O_3对$Pb(Mg_{1/3}Nb_{2/3})O_3$-$PbTiO_3$进行改性，从而构成$Pb(Mg_{1/3}Nb_{2/3})O_3$-$PbTiO_3$-$Pb(Cd_{1/2}W_{1/2})O_3$低烧瓷料。$Pb(Cd_{1/2}W_{1/2})O_3$是钙钛矿型反铁电体，室温介电常数约为70，其成瓷温度为750℃，860℃左右熔化，因而适合作为低烧助剂。配比合适的$Pb(Mg_{1/3}Nb_{2/3})O_3$-$PbTiO_3$-$Pb(Cd_{1/2}W_{1/2})O_3$体系可于920℃烧结致密，室温介电常数在11000左右，介质损耗低于0.02。若要进一步降低烧结温度至900℃以下，可添加少量的硼硅铅低熔玻璃。此类玻璃在700～800℃熔融，易于润湿晶相，促进瓷体致密化，但是不利之处是瓷料的介电常数会由11000下降至7000左右，这是因晶粒被玻璃层包裹，致使晶粒内部电畴转向受外场作用减弱。

目前，工业电容器用铅基弛豫铁电陶瓷还有$Pb(Mg_{1/3}Nb_{2/3})O_3$-$Pb(Zn_{1/3}Nb_{2/3})O_3$-$PbTiO_3$、$Pb(Mg_{1/3}Nb_{2/3})O_3$-$Pb(Zn_{1/3}Nb_{2/3})O_3$-$BaTiO_3$、$Pb(Ni_{1/3}Nb_{2/3})O_3$-$Pb(Fe_{1/2}Nb_{1/2})O_3$-$Pb(Fe_{1/2}W_{1/2})O_3$、$Pb(Mg_{1/3}Nb_{2/3})O_3$-$Pb(Zn_{1/3}Nb_{2/3})O_3$-$Pb(Fe_{1/2}Nb_{1/2})O_3$、$Pb(Fe_{1/2}Nb_{1/2})O_3$-$Pb(Fe_{1/2}W_{1/2})O_3$-$Pb(Zn_{1/3}Nb_{2/3})O_3$、$Pb(Zn_{1/3}Nb_{2/3})O_3$-$PbTiO_3$-$BaTiO_3$-$SrTiO_3$等多种固溶体系，能够满足2类电容器瓷的应用需求。与$BaTiO_3$基电容器瓷相比，铅基弛豫铁电陶瓷的突出优势是可兼顾高介电常数和低烧结温度。已实用化的电容器用铅基弛豫铁电陶瓷材料的介电常数一般为8000～35000，介质损耗为0.005～0.02，介电常数随温度变化较为平坦。特别是这些陶瓷材料的烧成温度普遍较低（<1000℃），因此可以采用全银或高银含量的银钯合金作为内电极材料制造多层陶瓷电容器。上述以铅基弛豫铁电陶瓷为核心的电容器瓷的共同设计思路是在具有弥散相变特性的高介电常数弛豫铁电体基础上，通过引入一定量的正常铁电体、反铁电体或顺电体固溶，调制材料内部电畴构型及纳米极性微区间的耦合行为，从而实现在宽温区内同时获得高介电常数、低容温变化率和低介质损耗，满足大容量温度稳定型陶瓷电容器的制造需要。

除针对电容器用铅基弛豫铁电陶瓷的改性研究，近年来围绕电容器用环保无铅弛豫铁电陶瓷的研究也引起广泛关注。例如，以复合钙钛矿结构的$Bi_{0.5}Na_{0.5}TiO_3$为基体，通过引入适量的正常铁电体$BaTiO_3$、反铁电体$NaNbO_3$和顺电体$CaZrO_3$固溶，可构建出具有宽温区工作稳定性的四元无铅介电弛豫体系$Bi_{0.5}Na_{0.5}TiO_3$-$BaTiO_3$-$NaNbO_3$-$CaZrO_3$。利用该瓷料制作的多层陶瓷电容器样件的电学性能的测试结果显示：在－55～340℃的极宽温区范围内，电容温度变化率小于±15%，介质损耗低于0.02，在航空航天与军事武器等高技术领域显示出重要的应用前景。

陶瓷电容器在电子设备及线路中应用广泛，值得一提的是，近年来弛豫铁电陶瓷在脉冲功率储能电容器应用方面显示出重要的技术优势：与聚合物等储能介质材料相比，弛豫铁电陶瓷具有温度稳定性好和循环寿命长等优点；与普通铁电陶瓷相比，弛豫铁电陶瓷具有有效储能密度大和储能效率高等优点。因而，作为关键电子元器件，弛豫铁电陶瓷基储能电容器在新能源发电系统、核技术装备、混合动力汽车、石油天然气勘探和定向能武器等领域发挥着重要作用。

介电材料的储能密度（W）是指电介质单位体积内储存的能量，单位为J/cm^3。对于铁电陶瓷，可基于 $P\text{-}E$ 回线数据根据如下公式计算材料的储能密度（W）：

$$W = \int_0^{P_{\max}} E \, \mathrm{d}P \tag{4-35}$$

式中，$P_{\max}$ 为铁电陶瓷在最大外加电场作用下的极化强度。由于铁电陶瓷属于非线性电介质，在充电过程中储存的能量并不能完全释放，实际可释放出的能量称为有效储能密度（W_{rec}），由下式计算：

$$W_{\mathrm{rec}} = \int_{P_r}^{P_{\max}} E \, \mathrm{d}P \tag{4-36}$$

储存能量中不能释放掉的能量称为损失能量密度（W_{loss}），在储能电容器的实际应用中需要尽可能增大 W_{rec}，减小介电材料的 W_{loss}。储能效率（η）是储能电容器的一项重要指标，其计算公式如下：

$$\eta = \frac{W_{\mathrm{rec}}}{W_{\mathrm{rec}} + W_{\mathrm{loss}}} \tag{4-37}$$

图 4.32 为普通铁电陶瓷与弛豫铁电陶瓷的有效储能密度对比图。相比于普通铁电陶瓷，弛豫铁电陶瓷的剩余极化 P_r 小，有利于获得较高的极化差值（$\triangle P = P_{\max} - P_r$），从而增大 W_{rec}。此外，大量研究显示晶粒尺寸细化可增大陶瓷的击穿场强（E_b），这对提升 W_{rec} 也是有利的。针对介电储能电容器的应用需求，以 $BaTiO_3$、$(K_{0.5}Na_{0.5})NbO_3$ 和 $(Bi_{0.5}Na_{0.5})TiO_3$ 等钙钛矿化合物为基体，通过引入第二组元或掺杂物与陶瓷细晶化，实现 $\triangle P$ 和 E_b 的双高，根据此技术已经发展出多种储能电容器用无铅弛豫铁电陶瓷固溶体系。

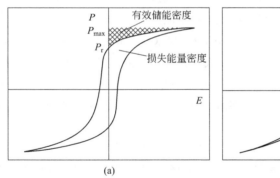
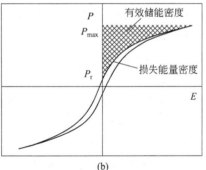

图 4.32 铁电陶瓷储能特性对比图
（a）普通铁电陶瓷；（b）弛豫铁电陶瓷

4.5 多层陶瓷电容器

4.5.1 多层陶瓷电容器设计原理

（1）片式电子元器件概述

电子元器件是各类电子整机设备的基础，是现代科学技术的一个先行领域。保证电子线路能够正常运行程序软件的重要部件就是电子元器件。电子元器件通常分为有源元器件（主动元器件）与无源元器件（被动元器件）两大类。有源元器件主要包括真空电子器件、固态电子器件和集成电路等；无源元器件种类众多，目前已占电路元器件总数量的80%和电路空间的70%，其中以电容器、电阻器、电感器三者用量最大。无源元器件与有源元器件共同构成各类电子硬件系统。随着科学技术的发展和电子工艺水平的提高，以及电子整机设备体积的微型化、性能和可靠性的进一步提升，电子元器件由大、重、厚向小、轻、薄方向发展，并出现了片式电子元器件和表面组装技术。

片式电子元器件是无引线或短引线的新型微小电子元器件，适合在没有通孔的印制板上安装，是表面组装技术（SMT）的专用元器件。与普通电子元器件相比，片式电子元器件直接安装在印制板上，所有焊点均在一个平面上，有如下特点。

① 片式电子元器件的尺寸小、重量轻，安装密度高，易于自动化组装和大规模生产；

② 片式电子元器件的可靠性高、形状简单、贴焊牢固，具有优异的抗振动和冲击能力；

③ 片式电子元器件的高频特性好，可降低寄生电容和电感，增强抗电磁干扰和射频干扰能力。

当前，片式电子元器件在消费电子、通信、汽车电子、工业与医疗设备等诸多领域已获得广泛应用，为电子信息产品的技术升级与低成本化做出重要贡献。

（2）多层陶瓷电容器设计

陶瓷电容器是一种能够存储电能的元件，在电子整机设备中大量使用。在早期的陶瓷电容器市场中，圆片陶瓷电容器一直是主流产品，到20世纪60年代以后，随着钯内电极和银钯合金内电极制作技术的不断完善，陶瓷介质制作层数的不断提高，特别是20世纪80年代以来表面组装技术（SMT）在电子行业中广泛应用之后，适合自动贴装的多层陶瓷电容器因其优异的性能逐渐取代圆片陶瓷电容器成为市场主流。

多层陶瓷电容器（multilayer ceramic capacitor，MLCC）是由印制好内电极的陶瓷介质膜片以错位的方式叠合起来，经过高温共烧形成陶瓷芯片，再在芯片的两端封上外电极（端电极），从而形成一个类似独石的结构体。因此，多层陶瓷电容器也被称为独石电容器。MLCC是电子信息产业最为核心且不可替代的电子元器件之一，具有体积小、容量大、机械强度高、耐湿性好、高频特性好、可靠性高等诸多优点，被誉为"电子工业大米"，其技术水平、质量的高低对一个国家的电子信息产业的发展有着重大影响。

图4.33为多层陶瓷电容器的内部结构、等效电路与实物照片。多层陶瓷电容器主要由三部分组成——陶瓷介质、内电极和端电极，其结构设计原理是用并联的方法把单板电容器堆积起来，从而产生一个每个单元体积具有更多电容的坚实电容器——多层陶瓷电容器。

多层陶瓷电容器的电容量（C_m）计算公式如下：

$$C_m = n\varepsilon_0\varepsilon_r \times \frac{S}{d_m} \tag{4-38}$$

式中，S是内电极正对面积；d_m是单片陶瓷介质层厚度；ε_0和ε_r分别是真空介电常数和陶瓷介质的相对介电常数；n是陶瓷介质层数。

以下通过简单的理论计算来比较多层结构相对于单片结构的设计优势。图4.34为陶瓷电容器单板结构与多层结构简化示意图。

对于一个单板陶瓷电容器，电容量（C）计算公式如下：

$$C = \varepsilon_0\varepsilon_r \times \frac{S}{d} \tag{4-39}$$

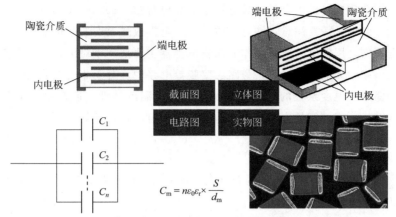

图 4.33 多层陶瓷电容器内部结构、等效电路与实物照片

如果在陶瓷电容器整体厚度 d 不变的情况下,将电容器沿厚度方向设计成 5 层结构（$n=5$）,则每一层陶瓷介质的厚度 $d_m=d/5$。若假设单层电极面积 S 近似不变且仍选用相同 ε_r 的陶瓷介质,则具有 5 层结构的多层陶瓷电容器的电容量（C_m）计算如下：

$$C_m = n\varepsilon_0\varepsilon_r \frac{S}{d_m} = 5\varepsilon_0\varepsilon_r \frac{S}{\frac{1}{5}d} = 25\varepsilon_0\varepsilon_r \frac{S}{d} = 25C \tag{4-40}$$

由以上计算结果可见,在电容器尺寸不变的情况下,设计成 5 层结构的多层陶瓷电容器的电容量是单层陶瓷电容器电容量的 5^2 倍,即 25 倍。那么,若设计成 10 层结构,则为 100 倍；若设计成 100 层,则将达到 10000 倍。即如果分为 n 层,则 $C_m = n^2 C$。由此可见,多层陶瓷电容器具有小尺寸、大容量的特点,有利于电子整机设备的小型化、轻量化和多功能化。

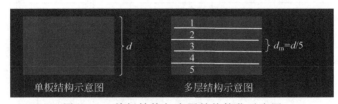

图 4.34 单板结构与多层结构简化示意图

4.5.2 多层陶瓷电容器分类标准

多层陶瓷电容器有多种分类方式,工业上通常按照温度特性、元件尺寸和额定电压进行分类。

（1）按照温度特性分类

多层陶瓷电容器采用的介电材料类型有许多种,其中用量最大的两类是高频介质瓷（1类瓷）和铁电介质瓷（2类瓷）。高频介质瓷的介电常数低于铁电介质瓷（5~1000）,但是介质损耗很小。此外,高频介质瓷的介电常数与温度之间几乎呈线性关系,因而可用电容温度系数（TKC）来表示电容器的温度特性（见 4.1.2 节）。基于高频介质瓷制作的陶瓷电容器主要适用于低损耗、稳定性要求高的高频电路和温度补偿型电路中。

相对于高频介质瓷，铁电介质瓷具有更高的介电常数（1000～20000），但是介质损耗一般也相对较大。此外，需要注意，铁电介质瓷的介电常数随温度的变化是非线性的，这与高频介质瓷完全不同。用铁电介质瓷制作的陶瓷电容器主要适用于对电容量要求高，但稳定性要求不高的电路中，如隔直、耦合、旁路、鉴频等电路中。对于非线性的铁电介质瓷，不能采用高频介质瓷电容温度系数的概念来表示电容器的温度特性。通常用一定温度范围内的容量变化率（TCC）来表示铁电介质陶瓷电容器的温度特性，计算公式如下：

$$TCC = \frac{\Delta C}{C_{base}} = \frac{C_T - C_{base}}{C_{base}} \qquad (4\text{-}41)$$

式中，C_{base} 和 C_T 分别为铁电陶瓷在基准温度 T_{base}（如室温25℃或20℃）和限定温度区间内任意温度 T 时的电容量。

根据电子工业协会（EIA）标准，铁电介质（2类瓷）陶瓷电容器的温度稳定性用3个符号表示："字母-数字-字母"，其中首字母与中间数字分别代表最低温度和最高温度，第二个字母代表相应温度区间内允许的最大容温变化率。表4.11列出2类陶瓷电容器介质材料温度特性的EIA分类标准代码。

表4.11 2类陶瓷电容器介质材料温度特性的EIA分类标准代码

首字母	最低温度/℃	数字	最高温度/℃	第二个字母	最大容温变化率/%
Z	+10	2	+45	A	±1.0
Y	−30	4	+65	B	±1.5
X	−55	5	+85	C	±2.2
		6	+105	D	±3.3
		7	+125	E	±4.7
		8	+150	F	±7.5
		9	+200	P	±10
				R	±15
				S	±22
				T	+22～−33
				U	+22～−56
				V	+22～−82

例如，对于常用的X7R、Y5V和Z5U型多层陶瓷电容器，其温度稳定性要求如下。
① X7R：−55～+125℃温区，容温变化范围±15%。
② Y5V：−30～+85℃温区，容温变化范围+22%～−82%。
③ Z5U：+10～+85℃温区，容温变化范围+22%～−56%。

X7R、Y5V和Z5U三种型号多层陶瓷电容器的温度稳定性对比如图4.35所示。X7R型多层陶瓷电容器在三者中具有最为优异的温度稳定性，此类电容器采用$BaTiO_3$基改性瓷料的居多，介电常数通常为1000～5000，适用于对温度稳定性要求较高的电子线路的组装。Y5V和Z5U型多层陶瓷电容器通常是由介电常数极高（>10000）的陶瓷介质制作而成（如铅基弛豫铁电体），但是温度稳定性相对较差，适用于温度变化不大的电子线路。

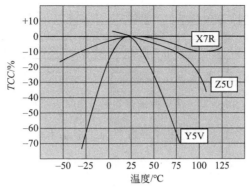

图 4.35　X7R、Y5V 和 Z5U 三种型号多层陶瓷电容器的温度稳定性对比

（2）按照元件尺寸分类

根据多层陶瓷电容器的外形尺寸大小，可分为 0201、0402、0603、0805、1206、1210、1808、1812 和 2220 等多种规格，其中前两位数字代表 MLCC 的长度，后两位数字（或三位数字）代表 MLCC 的宽度。需要注意，目前有两种不同单位的规格在国际上均有使用：英制单位 in 和公制单位 mm。二者可以根据需要进行转换，例如英制 0402 规格转换成公制型号对应的是 1005 规格。MLCC 尺寸规格英制与公制单位的对应见表 4.12。

表 4.12　MLCC 尺寸规格的英制和公制单位对应表

序号	英制/in	公制/mm	长度/mm	宽度/mm
1	01005	0402	0.40	0.20
2	0201	0603	0.60	0.30
3	0402	1005	1.00	0.50
4	0603	1608	1.60	0.80
5	0805	2012	2.00	1.25
6	1206	3216	3.20	1.60
7	1210	3225	3.20	2.50
8	1812	4532	4.50	3.20
9	2220	5750	5.70	5.00

（3）按额定电压分类

根据实际电路的设计需求，MLCC 有不同额定工作电压的产品，如 2.5V、4.0V、6.3V、10V、16V、25V、35V、50V、100V、200V、250V、500V、630V、1000V、2000V、3000V、4000V、5000V 等，其中最常用的为 50V。小于 50V 的多数为层数高、容量大的 MLCC 产品，通常将 100V 以及 100V 以上的产品称为中高压 MLCC，而 630V 以上的则被称为高压 MLCC。

4.5.3　多层陶瓷电容器制造工艺

多层陶瓷电容器制造过程复杂，步骤较多。多层陶瓷电容器的工业制造流程如图 4.36 所示。

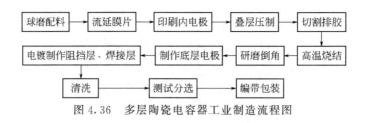

图 4.36　多层陶瓷电容器工业制造流程图

完整的多层陶瓷电容器工业制造流程一般分为 4 个基本单元，介质膜片制作、电容芯片制作、烧结成瓷和端电极制作。

(1) 介质膜片制作

本单元主要包括球磨配料和流延膜片步骤，如图 4.37 所示。陶瓷介质膜片制作是生产 MLCC 的基础工序，膜片成型可采用轧膜法和流延法。相对于轧膜法，流延法有利于获得厚度在微米尺度的薄膜，因而目前工业上主要采用流延法制作陶瓷介质膜片。在进行流延之前，先进行球磨配料，具体工艺是将陶瓷粉料与黏合剂、有机溶剂、消泡剂、分散剂和增塑剂等按照一定的比例以球磨方式混合均匀，形成具有一定流动性能的陶瓷浆料。为了降低流延膜片的厚度，陶瓷粉料的粒度需要控制在亚微米级甚至纳米级。微纳米级的陶瓷粉料由于比表面积大，需要选取适宜的分散剂与溶剂以确保浆料的均匀性。将球磨配料所获得的浆料进一步采用流延法使膜片成型。具体制膜时，浆料通过流延机的注浆口涂覆在基带（例如钢带或 PET 塑料带）上，形成一层均匀的浆料层，其厚度主要可由刮刀高度控制。经过干燥处理后，得到具有一定强度和弹性，光洁度高且平整致密的陶瓷介质膜片。

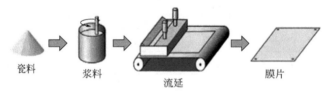

图 4.37　介质膜片制作工序

(2) 电容芯片制作

本单元主要包括印刷内电极、叠层、压制及切割等步骤，如图 4.38 所示。工业上内电极的制作主要基于丝网印刷原理，在流延制好的陶瓷介质膜片上，通过丝网印刷机将内电极浆料印刷成一定形状与尺寸的内电极图形，如图 4.39 所示。目前适用于 MLCC 产品的内电极浆料按材料分，主要有 Ag/Pd 合金内电极浆料、Ni 内电极浆料和 Cu 内电极浆料。表 4.13 列出可用于 MLCC 内电极的部分金属材料的物理性能。

表 4.13　可用于 MLCC 内电极的部分金属材料的物理性能

金属	熔点/℃	室温电阻率/$\Omega \cdot m$	烧结气氛
Ag	961	1.60×10^{-8}	空气
Pd	1554	9.93×10^{-8}	空气
Cu	1083	1.72×10^{-8}	还原
Ni	1453	6.84×10^{-8}	还原

Ag 具有电阻率低的优势，但是由于熔点太低，很难与高烧结温度（>1200℃）的

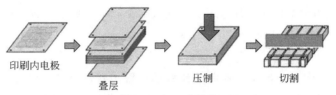

图 4.38 电容芯片制作工序

图 4.39 陶瓷膜片上印刷的内电极图案

BaTiO$_3$ 基电容器瓷匹配，一般仅作为内电极应用于低烧结电容器瓷，如铅基弛豫铁电陶瓷基电容器的制造。将 Ag 与 Pd 固溶形成的 Ag/Pd 合金是工业上应用量较大的内电极材料。通过改变 Ag/Pd 比可以调节合金熔点，匹配不同烧结温度的电容器瓷。但是，此类内电极价格昂贵，属于贵金属内电极，不利于降低 MLCC 的制造成本。Ni 和 Cu 价格相对便宜，属于贱金属内电极。二者中，虽然 Cu 的电阻率更低，仅为 Ni 的四分之一，但是其熔点低，选作内电极时仍需要匹配低温烧结的电容器瓷料，应用面较窄。因而，目前应用广泛的内电极材料是 Ni。与 Ag/Pd 内电极相比，Ni 内电极不仅成本低，而且 Ni 原子或原子团的电迁移速度较 Ag 或 Ag/Pd 小，因而具有良好的电化学稳定性，可以提高 MLCC 的可靠性。但是需要注意的是，Ni 在空气中易氧化，因而在后续的共烧过程中需要使用还原性烧结气氛。

内电极图形的印刷质量，如平整度、连续性和一致性等，都将会直接影响 MLCC 的电学性能和可靠性。将印刷好内电极图形的陶瓷介质膜片，按 MLCC 产品层数的设计要求，借助膜片自身的黏性和叠层机的压力叠合在一起，从而形成一个完整的整体，该叠层体称为巴块。MLCC 芯片制作对叠层的对位精度有很高的要求，否则会影响产品的电容量和可靠性。进一步，为了实现巴块内部电极层与陶瓷介质层的彼此紧密结合，以提高烧结后瓷体的致密性，需要对经过丝网印刷后的巴块进行压制。压制的压力一般控制在几百至几千个大气压范围，可采用等静水压方式和非等静水压方式。完成压制步骤后，进一步采用切割机对巴块按 MLCC 设计的尺寸大小进行切割，得到一粒粒的电容芯片。但此时芯片中仍含有成型时引入的大量有机物，如黏合剂、增塑剂和分散剂等，若直接进行高温烧结，则可能因为有机物的熔化、分解和挥发而导致芯片变形、分层或开裂。因而，烧结前需要采用排胶工艺在一定温度和气氛下缓慢地将这些有机物从芯片生坯体中排除干净。排胶通常在排胶箱中完成，以 Ag/Pd 合金为内电极的芯片采用空气气氛排胶，而以贱金属 Ni 为内电极的芯片可选用氮气作为保护气氛排胶，以防止 Ni 氧化失效。

(3) 烧结成瓷

烧结成瓷是多层陶瓷电容器工业制造流程的关键步骤，通过高温烧结实现电容芯片的致密化成瓷，以确保其具有高机械强度和符合各项电学指标。陶瓷电容器的烧结成瓷工序一般在窑炉中完成，大规模工业生产中主要使用连续式窑炉（隧道窑）。多层陶瓷电容器成品与电容芯片如图 4.40 所示，内插图为陶瓷介质与内电极界面的示意图。由于芯片生坯中包含陶瓷介质和内电极金属，因而在异质共烧时需要防止应力失配而导致瓷体出现缺陷甚至分层开裂。

图 4.40　多层陶瓷电容器成品与电容芯片
(内插图为陶瓷介质与内电极界面示意图)

对于以 Ag/Pd 合金为内电极的电容芯片，可以在氧化或空气气氛中进行烧结。但是由于 Ni 电极与氧化物陶瓷在空气中高温共烧时，Ni 金属会被氧化而失去电极导电功能，因此含 Ni 内电极的芯片在烧结过程中必须采用还原性气氛，然而常规 $BaTiO_3$ 基陶瓷或铅基弛豫铁电陶瓷在还原性气氛中烧结时易发生高温失氧而变成半导体，丧失绝缘特性，因此研制适应还原性气氛烧结的抗还原陶瓷介质材料是开发 Ni 内电极 MLCC 的关键。

(4) 端电极制作

本单元主要包括研磨倒角、封端制作底层电极、电镀制作阻挡层和焊接层以及清洗等步骤。对于已完成烧结的 MLCC 芯片，在制作底层电极前需要研磨倒角，具体工艺是采用倒角机将 MLCC 芯片与磨介（如氧化铝粉、石英砂、氧化铝球和去离子水等）混合，基于磨介与芯片间高速滚磨的磨削作用把 MLCC 芯片的边角滚磨圆滑，达到使内电极层充分外露的目的，这样可以确保后续制作的底层电极能够与内电极接触良好。

研磨倒角完成后，进入制作端电极环节。MLCC 样件内部内电极与端电极连接结构的照片如图 4.41 所示。

对于 MLCC，端电极主要有两个基本功能：一是与内电极相接构成多层并联结构；二是实现在表面贴装过程中的焊接功能。为实现这两个基本功能，通常将 MLCC 的端电极设计成三层结构，如 Ag/Ni/Sn 或 Cu/Ni/Sn 三层端电极结构，如图 4.42 所示。

在三层端电极结构中，底层电极一般选取 Ag 或 Cu，分别对应 Ag/Pd 内电极与 Ni 内电极。制作底层电极采用封端工艺，即用浸浆的方式将电极浆料涂敷在陶瓷电容器两端，然后经高温烧端而成。从气氛上区分 MLCC 烧端工艺主要有两种：一种是 Ag/Pd 内电极

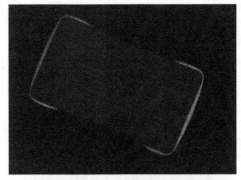

图 4.41　MLCC 样件内部内电极与端电极连接结构的照片

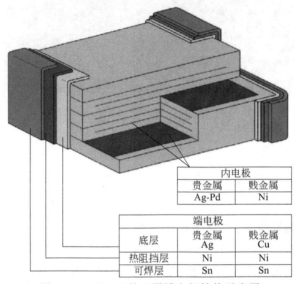

内电极	
贵金属	贱金属
Ag-Pd	Ni

端电极		
底层	贵金属 Ag	贱金属 Cu
热阻挡层	Ni	Ni
可焊层	Sn	Sn

图 4.42　MLCC 的三层端电极结构示意图

MLCC 产品采用的 Ag 端电极空气烧结技术，另一种是 Ni 内电极 MLCC 产品采用的氮气保护 Cu 端电极烧结技术。在经过高温烧端工序后，在 Ag 或 Cu 底层电极的表面上，通过电镀方式依次制作第二层 Ni 金属层和第三层 Sn 金属层。Ni 金属层的作用是作为热阻挡层，避免 MLCC 本体在焊接时承受过大的热冲击；Sn 金属层的作用则是作为可焊接层，确保 MLCC 具有良好的可焊性。在 MLCC 产品制作完成后，工业上还要进行外观分选和电性能测试（如电容量、介质损耗、绝缘电阻和耐压等）以剔除不合格产品，最后进行编带包装。

由于终端电子信息产品的升级换代和大容量 MLCC 对其他类型电容器的不断替代，高品质 MLCC 的市场需求旺盛。目前，MLCC 制造工艺能够实现陶瓷介质层的厚度精确控制在 $1\mu m$ 以下，最大叠层数超过 1000 层。在保证电学品质的同时，减小 MLCC 的尺寸能够实现在有限的电路空间内引入更多的 MLCC，这有利于满足电子设备的小型化与多功能化的需求。如图 4.43 所示，随着 MLCC 尺寸的减小，电子线路中元件的表面贴装密度大幅增加。

MLCC 未来的发展趋势是小尺寸、大容量、薄层化、多层数、高电压、高频率、宽工作温区、集成化、高可靠、环境友好和低成本等。总之，MLCC 的品质提升是一个系统工程，需要材料、设备和制作工艺等的协同进步。

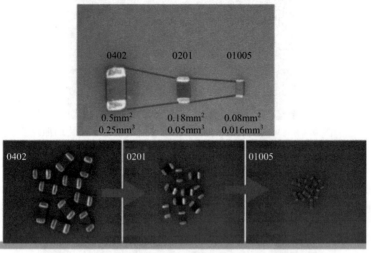

图 4.43 MLCC 尺寸大小与空间占比的关系

习题

1. 简述电容器对陶瓷的电学性能有哪些要求。
2. 简述介质谐振器对微波陶瓷的性能指标要求。
3. 解释与铁电陶瓷相关的基本物理概念：自发极化、电畴、居里温度。
4. 简述 $BaTiO_3$ 陶瓷在居里温度以下存在的极化机制类型。
5. 绘制典型铁电体的电滞回线，并解释引起非线性关系的原因。
6. 若要确定一种介电陶瓷具有铁电性，可采用哪些技术手段？
7. 现有一片上下表面覆盖有电极的介电陶瓷圆片，直径为 10.63mm，厚度为 0.88mm，采用 LCR 数字电桥测试得到电容数值为 1.683nF，试计算该陶瓷的相对介电常数大小。
8. 推导均匀分布两相陶瓷的介电常数对数定则。
9. 以 $Pb(Mg_{1/3}Nb_{2/3})O_3$ 为例，分析铅基弛豫铁电体的结构特点并给出两步合成法的路线。
10. 绘制多层陶瓷电容器结构示意图，简述其设计原理及生产工艺流程。
11. 简述发展镍内电极多层陶瓷电容器的意义及技术关键点。
12. 通过资料调研，分析当前商用最小尺寸多层陶瓷电容器结构特点、电学性能及其用途。

参考文献

[1] 李标荣，王筱珍，张绪礼.无机电介质.武汉：华中理工大学出版社，1995.

[2] 徐廷献. 电子陶瓷材料. 天津：天津大学出版社，1993.

[3] 关振铎，张中太，焦金生. 无机材料物理性能. 2版. 北京：清华大学出版社，2011.

[4] Uchino Kenji. Ferroelectric devices (Second edition). CRC Press, 2010.

[5] 梁瑞林. 贴片式电子元件. 北京：科学出版社，2008.

[6] 李世普. 特种陶瓷工艺学. 武汉：武汉理工大学出版社，1990.

[7] 张迎春. 铌钽酸盐微波介质陶瓷材料. 北京：科学出版社，2005.

[8] 侯育冬，朱满康. 电子陶瓷化学法构建与物性分析. 北京：冶金工业出版社，2018.

[9] 李言荣，林媛，陶伯万. 电子材料. 北京：清华大学出版社，2013.

[10] 王春雷，李吉超，赵明磊. 压电铁电物理. 北京：科学出版社，2009.

[11] 张良莹，姚熹. 电介质物理. 西安：西安交通大学出版社，1991.

[12] 殷之文. 电介质物理学. 2版. 北京：科学出版社，2003.

[13] 钟维烈. 铁电体物理学. 北京：科学出版社，1996.

[14] Yu X L, Hou Y D, Zheng M P, Yan J, Jia W X, Zhu M K. Targeted doping builds a high energy density composite piezoceramics for energy harvesting. J. Am. Ceram. Soc., 2019, **102**: 275-284.

[15] Zhang J, Hou Y D, Zheng M P, Jia W X, Zhu M K, Yan H. The occupation behavior of Y_2O_3 and its effect on the microstructure and electric properties in X7R dielectrics. J. Am. Ceram. Soc., 2016, **99**: 1375-1382.

[16] 吴宁宁，宋雪梅，侯育冬，等. $(1-x)$PMN-xPT 陶瓷材料弛豫性研究. 科学通报，2008，**53** (23)：2962-2968.

[17] Cui L, Hou Y D, Wang S, Wang C, Zhu M K. Relaxor behavior of (Ba, Bi) (Ti, Al) O_3 ferroelectric ceramic. J. Appl. Phys., 2010, **107**: 54-105.

[18] 江东亮. 精细陶瓷材料. 北京：中国物资出版社，2000.

[19] Jia W X, Hou Y D, Zheng M P, Xu Y R, Yu X L, Zhu M K, Yang K Y, Cheng H R, Sun S Y, Xing J. Superior temperature-stable dielectrics for MLCCs based on $Bi_{0.5}Na_{0.5}TiO_3$-$NaNbO_3$ system modified by $CaZrO_3$. *J. Am. Ceram. Soc.*, 2018, **101**: 3468-3479.

[20] Pan M J, Randall C A. A brief introduction to ceramic capacitors. IEEE Electr. Insul. Mag., 2010, **26** (3): 44-50.

[21] 梁力平，赖永雄，李基森. 片式叠层陶瓷电容器的制造与材料. 广州：暨南大学出版社，2008.

第 5 章

压电陶瓷材料

5.1 压电效应原理

5.1.1 压电性与晶体对称性

(1) 晶体的压电效应

压电效应是一种机电耦合效应,是指某些晶体受机械应力作用发生极化改变,且具有按所施加的机械应力成比例地产生电荷的能力。图 5.1 为压电效应示意图。自从 1880 年居里兄弟首先在石英晶体上观察到压电效应以来,人们相继发现了许多压电材料,并在其应用方面进行了广泛研究。1917 年,法国科学家朗之万利用石英晶体的压电效应制作出世界上首台具有实用价值的主动声呐,基于"回声定位"原理成功实现对潜艇等水下目标的准确定位,自此揭开压电应用的篇章。20 世纪 40~50 年代,随着具有强压电性的钛酸钡和锆钛酸铅等铁电陶瓷的相继问世,钙钛矿型铁电材料在各类压电器件的制造中获得广泛应用,特别是锆钛酸铅因其同时具备高压电性能和宽工作温区,时至今日仍是构建压电致动器、换能器和传感器等重要压电器件的主体材料。

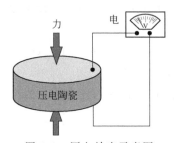

图 5.1 压电效应示意图

压电性与晶体对称性有关,压电性对晶体对称性的要求——无对称中心,压电性与晶体对称性的关系如图 5.2 所示。这是因为具有对称中心的晶体在受到应力作用后,内部发生均匀变形,质点间仍会保持对称排列的规律,不会产生不对称的相对位移,因而正、负电荷中心重合,不产生电极化,也就没有压电效应。在 32 种点群中,不具有对称中心的有 21 种,其中 432 点群虽无对称中心,但因其对称性较高,也没有压电性,而其余 20 种都具有压电性。在20种无对称中心的压电晶体类型中，有10种是含有唯一的极性轴（电偶极矩）的极性晶体，具有热释电效应。

图 5.2　压电性与晶体对称性的关系

实际上，对于一块压电晶体，既能够实现机械能向电能的转换，同时也能够实现电能向机械能的转换。前者被称为正压电效应，后者被称为逆压电效应。根据电介质理论，可以用压电方程表示压电体的压电效应中力学量（T，S）和电学量（D，E）的关系。

正压电效应，即对一块压电晶体施加作用力时，会在晶体的两个端面上产生等量的正、负电荷，且电荷的面密度与施加的作用力大小成正比，一旦作用力撤除，电荷就会消失。正压电效应可以用介质电位移 D 与应力 T 的关系式表达：

$$D = dT \tag{5-1}$$

式中，D 的单位为 C/m^2；T 的单位为 N/m^2；d 为压电常数（压电电荷常数），单位为 C/N，表示单位机械应力下所产生的电位移。

逆压电效应，即对一块压电晶体施加电场时，会使晶体发生形变，且形变的大小与电场强度成正比，一旦电场撤除，形变就会消失。逆压电效应可以用应变 S 与电场强度 E 的关系式表达：

$$S = dE \tag{5-2}$$

式中，S 无量纲；E 的单位为 V/m；d 为压电常数（压电应变常数），单位为 m/V，表示单位电场强度所引起的应变。

对于正、逆压电效应，比例常数 d 在数值上是相同的，即

$$d = D/T = S/E \tag{5-3}$$

需要注意，压电效应与电致伸缩效应有所区别。电致伸缩效应存在于一切电介质材料中，产生的应变与电场强度的二次方成正比，因此电致伸缩效应属于二次非线性耦合效应；压电效应只存在于压电材料中，所产生的应变与电场强度成正比，因此压电效应属于线性耦合效应。具有电致伸缩效应而不具有压电效应的电介质材料，在应力作用下不会产生电荷。

（2）α-石英晶体的对称性与压电性

α-石英晶体（SiO_2）属于三方晶系32点群，其具有压电效应与石英晶体的特征结构是分不开的。组成α-石英晶体的 Si^{4+} 与 O^{2-} 在垂直于晶体 z 轴的 xy 平面（或称为 z 平面）上的投影位置如图 5.3(a) 所示。当晶体未受到外力作用时，Si^{4+} 与 O^{2-} 在 xy 平面上的投影正好分布在六角形的顶点上，这时由 Si^{4+} 与 O^{2-} 所形成的电偶极矩大小相等，相互之间夹角为120°。由于这些电偶极矩的矢量和等于零，因而晶体的极化强度等于零，晶体表面不出现电

荷。如图 5.3(b) 所示，当晶体受到 x 方向的压力 F_x 作用时，晶体在 x 方向被压缩，此时由 Si^{4+} 与 O^{2-} 所形成的电偶极矩大小不等，相互之间夹角也不等于 $120°$。这些电偶极矩虽然在 y 方向上的分量和仍等于零，但是在 x 方向上的分量和不为零，所以晶体在 x 面上出现电荷，即石英晶体在 x 方向出现正压电效应。另一方面，如图 5.3(c) 所示，当晶体在 x 方向受到张力 F_x 作用时，晶体在 x 方向上被拉伸。这种情况下电偶极矩在 x 方向上的分量和也不等于零，在 y 方向上的分量和仍为零，所以石英晶体在 x 面上会出现电荷，只是电荷符号与压缩时相反。

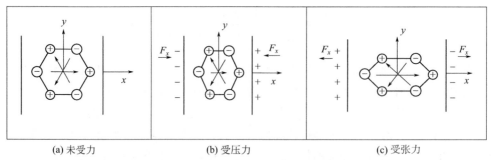

(a) 未受力   (b) 受压力   (c) 受张力

图 5.3 α-石英晶体的压电效应产生机制

（3）钛酸钡晶体的对称性与压电性

钛酸钡（$BaTiO_3$）是具有压电性的铁电体，是继 α-石英晶体之后发现的另一类重要的压电材料。$BaTiO_3$ 晶体属于四方晶系 4mm 点群，室温时钙钛矿原胞呈现四方对称性（$a=b$，$c>a$），其中 Ba^{2+} 位于四方原胞的顶角，O^{2-} 位于四方原胞六个面的面心，Ti^{4+} 则位于四方原胞的中心之上（或之下）的某一位置，如图 5.4 所示。由于四方 $BaTiO_3$ 钙钛矿结构中正负电荷中心不重合，因而存在一个与 c 轴平行的电偶极矩，即 $BaTiO_3$ 晶体存在自发极化，c 轴就是极化轴。这一点 $BaTiO_3$ 晶体与 α-石英晶体完全不同，α-石英晶体虽有压电效应，但不存在自发极化，因而它是压电体，但不是铁电体。$BaTiO_3$ 晶体既有自发极化，又有压电效应，所以 $BaTiO_3$ 晶体属于铁电型压电晶体。从图 5.4 可以看出，当 $BaTiO_3$ 晶体受到应力作用时，晶体在 x 方向、y 方向和 z 方向都会出现伸长或缩短的形变，由于 z 方向存在电偶极矩，z 方向的伸缩形变要改变这个电偶极矩的大小，因而在 z 方向产生压电效应。

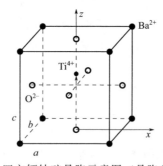

图 5.4 $BaTiO_3$ 四方钙钛矿晶胞示意图（晶胞参数 $a=b$，$c>a$）

5.1.2 压电振子及相关参数

压电振子是最基本的压电元件，它是被覆激励电极的压电体。压电振子的极化方向与几何形状的不同，可以形成不同的振动模式。常见压电振子的振动模式如图 5.5 所示。

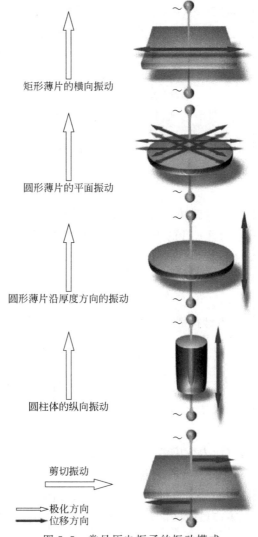

图 5.5 常见压电振子的振动模式

若压电振子是一个具有固有振动频率 f_r 的弹性体，在外电场作用下，当施加于压电振子上的激励信号频率等于 f_r 时，压电振子会因逆压电效应而产生机械谐振，而机械谐振又会通过正压电效应输出电信号。图 5.6 为压电振子的阻抗特性示意图。当压电振子处在谐振状态时，输出电流达到最大值，此时的频率为最小阻抗频率 f_m；当信号频率继续增大到 f_n 时，输出电流达到最小值，f_n 称作最大阻抗频率。根据谐振理论，压电振子在最小阻抗频率 f_m 附近存在一个使信号电压与电流同位相的频率，该频率就是压电振子的谐振频率 f_r。同样，在 f_n 附近存在另一个使信号电压与电流同位相的频率，这个频率称作压电振子的反

谐振频率 f_a。只有当压电振子在机械损耗为零的条件下，$f_m=f_r$，$f_n=f_a$。

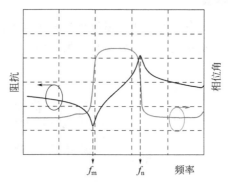

图 5.6　压电振子阻抗特性示意图

对于压电材料，表征压电效应的电学参数很多，常用的参数主要有频率常数、压电常数、机电耦合系数和机械品质因数等。

（1）频率常数

压电元件的谐振频率 f_r 与沿振动方向的长度 l 的乘积为一常数，称为频率常数（N），单位为 kHz·m。例如，形状为薄长片的压电陶瓷振子沿长度方向伸缩振动的频率常数 N_1 为

$$N_1 = f_r l \tag{5-4}$$

由于

$$f_r = \frac{1}{2l} \times \sqrt{\frac{Y}{\rho}}$$

式中，Y 为弹性模量；ρ 为材料密度；所以可得到如下关系式：

$$N_1 = \frac{1}{2}\sqrt{\frac{Y}{\rho}} \tag{5-5}$$

由此可见，频率常数只与材料性质有关。如已确定材料的频率常数，则可根据压电元件的频率要求来设计元件的外形尺寸。

（2）压电常数

压电常数是反映力学量（应力或应变）与电学量（电位移或电场）间相互耦合的线性响应系数。对于常用的基于正压电效应的压电常数 d_{ij}，如 d_{33}，第 1 个下标数字代表电的方向，第 2 个数字代表应力或形变方向。对于一块压电体，通常会有多个压电常数 d，根据对称性关系，脚标可以简化。下面以对极化方向为轴 3 方向的压电陶瓷施加正应力为例进行说明，见图 5.7。

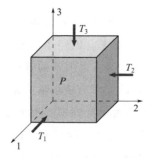

图 5.7　极化方向为轴 3 方向的压电陶瓷

当仅施加应力 T_3 时，有压电效应关系式如下：

$$D_3 = d_{33} T_3 \tag{5-6}$$

在 T_3 作用下，虽然压电陶瓷在轴 1 和轴 2 方向会产生应变 S_1 和 S_2，但轴 1 和轴 2 方向并不呈现极化现象，因此会有如下关系式：

$$D_1 = d_{13} T_3 = 0 \tag{5-7a}$$

$$D_2 = d_{23} T_3 = 0 \tag{5-7b}$$

即 $d_{13} = d_{23} = 0$

若仅施加应力 T_2 时，类似可以得到如下关系式：

$$D_3 = d_{32} T_2 \tag{5-8}$$

由于 $D_1 = D_2 = 0$，因而 $d_{12} = d_{22} = 0$。

若仅施加应力 T_1 时，同理可以得到如下关系式：

$$D_3 = d_{31} T_1 \tag{5-9}$$

由于 $D_1 = D_2 = 0$，因而 $d_{11} = d_{21} = 0$。

根据对称关系，T_2 与 T_1 是等效的，得 $d_{31} = d_{32}$。

(3) 机电耦合系数

机电耦合系数 k 是一个综合衡量压电材料机械能与电能之间耦合关系的物理参数，是压电材料机电能量转换能力的反映。

施加外力到压电体上使其发生形变，通过正压电效应将输入的机械能转换为电能，这时外力所做的机械功只有一部分转换为电能，其余部分使压电体变形，以弹性能形式储存在压电体中；而对压电体施加电场时，通过逆压电效应把输入的电场能一部分转换为机械能，其余部分使压电体极化，以电能形式储存在压电体中。

机电耦合系数的定义式为

$$k^2 = \frac{机电转换获得的能量}{输入的总能量}$$

对于正压电效应：

$$k^2 = \frac{通过正压电效应转换所得电能}{转换时输入的总机械能}$$

对于逆压电效应：

$$k^2 = \frac{通过逆压电效应转换所得机械能}{转换时输入的总电能}$$

机电耦合系数没有量纲，从能量守恒定律可知，k 恒小于 1。对于压电振子，不同形状和不同振动方式所对应的机电耦合系数也不相同，例如对于沿径向伸缩振动的薄圆片压电振子，其平面机电耦合系数用 k_p 表示；对于沿长度方向伸缩振动的薄长片压电振子，其横向机电耦合系数用 k_{31} 表示；对于沿轴向伸缩振动的圆柱状压电振子，其纵向机电耦合系数用 k_{33} 表示。同一压电材料，振动方式不同，能量转换效率也不一样，因而会有不同的 k 值。

(4) 机械品质因数

如果外加电场的频率与压电材料的谐振频率一致时，就会因逆压电效应而产生显著的机械谐振，将电能转变为机械能。机械谐振时，由于克服晶格形变时产生的内摩擦需要消耗能量，因而造成机械损耗。

机械品质因数 Q_m 是衡量压电振子在谐振时机械损耗大小的重要参数，定义式为

$$Q_m = 2\pi \frac{\text{谐振时振子储存的机械能}}{\text{每一谐振周期振子所消耗的机械能}} \tag{5-10}$$

机械品质因数 Q_m 可以依据谐振-反谐振法，根据下式计算：

$$Q_m = \frac{f_a^2}{2\pi f_r R C^T (f_a^2 - f_r^2)} \tag{5-11}$$

式中，f_r、f_a 分别为压电振子的谐振频率和反谐振频率；R 为谐振阻抗；C^T 为自由电容（测试频率一般选 1kHz）。

机械品质因数没有量纲。压电材料的 Q_m 越大，机械损耗越小，适用于大功率压电器件。

5.2 人工极化技术

5.2.1 铁电陶瓷单畴化处理

自然界中有许多呈现压电效应的压电晶体，但是陶瓷材料往往不会呈现压电效应。这是因为陶瓷是含有晶粒晶界结构的多晶体，其中每个晶粒都是一个小的单晶，但由于各晶粒的紊乱取向，晶粒间的压电效应会相互抵消，宏观不会呈现出压电效应。铁电陶瓷中虽存在自发极化，但烧结成瓷的铁电陶瓷内部各晶粒间自发极化方向杂乱，因此宏观无极性。只有将铁电陶瓷预先经过强直流电场作用，使各晶粒的自发极化方向都择优取向，成为有规则的排列，铁电陶瓷才能转变为具有宏观极性的压电陶瓷。这一过程称为人工极化或单畴化处理。由于压电陶瓷是由铁电陶瓷经过人工高压极化而获得，因而实质上压电陶瓷仍属于铁电陶瓷范畴，有时也把这一类具有电场可调自发极化特性的陶瓷材料统称为压铁电陶瓷。

铁电陶瓷的人工极化过程如图 5.8 所示。

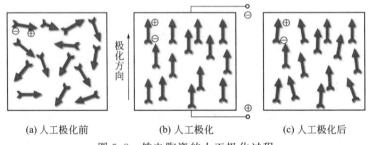

(a) 人工极化前　　　　(b) 人工极化　　　　(c) 人工极化后

图 5.8　铁电陶瓷的人工极化过程

人工极化前，铁电陶瓷内部的自发极化随机取向，强度相互抵消，因而宏观上不会显示极性。当对其施加强直流电场时，多晶陶瓷体各晶粒内的自发极化方向将择优趋于外电场方向，因而具有类似于单晶体的宏观极性。从电畴变化的角度分析，在人工极化过程中，与外电场方向一致的电畴是最稳定的，而与外电场方向不一致的电畴（如 180°电畴和 90°电畴等）是不稳定的，这些电畴将在强直流电场作用下，尽可能沿外电场方向取向，因而人工极化的目的是实现单畴化。当直流电场去除后，由于应力释放与系统能量降低等因素影响，部分电

畴取向仍会出现偏转，但是铁电陶瓷整体仍保留相当的宏观极化强度。因此，经过人工极化处理后，铁电陶瓷具有宏观极性且转变成有压电效应的压电陶瓷。

5.2.2 极化条件与性能稳定性

人工极化过程中的工艺影响因素主要包括3点：极化电场、极化温度和极化时间。

（1）极化电场

极化电场是极化条件中的主要因素。外加极化电场越高，促使电畴取向排列的作用越大，人工极化就越充分。通常以机电耦合系数或压电常数达到最大值的电场为最优极化电场。极化电场的取值可以根据铁电陶瓷的电滞回线做出初步判断，极化电场必须大于矫顽场，通常为矫顽场的2~3倍。但是，须注意，极化电场取值并非越高越好，极化电场过高会引起铁电陶瓷击穿，造成样品失效。

（2）极化温度

极化温度与电畴运动活性相关，通常极化温度越高，电畴运动活性越强，越易于在外电场作用下取向排列；同时，温度越高，电阻率越小，由杂质引起的空间电荷效应所产生的电场屏蔽作用减小，因而极化温度升高有利于获得良好的人工极化效果。但是，极化温度过高，直流电阻率减小会导致铁电陶瓷击穿强度显著降低，影响极化电场的提升。此外，对于在硅油介质中进行的人工极化，极化温度一般应控制在200℃以下以防止挥发。

（3）极化时间

在极化电场和极化温度一定的条件下，延长极化时间有利于提升电畴的取向排列程度。以四方钛酸钡铁电陶瓷的人工极化为例，极化初期主要发生180°电畴反转，随后的变化是90°电畴转向。这是因为90°电畴转向受到内应力阻碍较难进行，所以适当延长极化时间，可以提高极化定向程度，获得高性能的压电陶瓷。通常情况下，材料体系不同，极化时间从几分钟到几十分钟不等。

总之，在进行人工极化处理时，极化电场、极化温度和极化时间三者互有影响，必须统一考虑，应通过设计与各因素相关的极化实验方案选取最佳极化条件。

经过人工极化处理的铁电陶瓷已具备各项压电性能，但是压电陶瓷通常会随时间推移或工作温度升高而发生性能劣化的现象，因而压电陶瓷的实用化需要考虑性能稳定的问题。

（1）时间稳定性

刚完成人工极化的压电陶瓷的内部处于电畴能量较高的状态，去除外电场后会自发向能量较低的状态转变，部分电畴会复原以释放应力，这导致剩余极化随时间的推移而减小，压电性能降低。这是一个与时间相关的不可逆过程，被称为压电陶瓷的老化。老化是压电陶瓷微观状态自发改变过程的宏观表现，极化后处于亚稳态的压电陶瓷经过老化过程，压电性能逐渐趋于稳定。老化速率在一定程度上可以人工控制，常用的方法有两种：一种是通过改变材料成分配比或掺杂，寻找性能稳定的材料体系；另一种是人工老化处理，如对极化好的压电陶瓷加交变电场或做温度循环等，人为地加速自然老化过程，以便短时间内达到相对稳定的阶段。

（2）温度稳定性

压电陶瓷的温度稳定性与晶体结构特性密切相关。居里温度是铁电相与顺电相的转变温度，一般情况下，压电陶瓷的居里温度越高，其使用温度越高。此外，在工作温区内压电陶瓷的晶体结构变化越小，则温度稳定性越好。工业领域常用的锆钛酸铅压电陶瓷的居里温度（250～380℃）高于钛酸钡（120℃），因而其工作温区更宽。从材料体系设计角度分析，可以通过在铁电陶瓷中引入高居里温度组元或掺杂元素等手段，提升材料内部晶体结构的温度稳定程度，从而获得压电性能、温度稳定性优良的压电陶瓷。

5.3 PZT压电陶瓷

5.3.1 准同型相界与多元体系

（1）PZT的准同型相界结构

自从1880年发现压电效应之后，直至20世纪40年代，压电材料的研究与应用仅限于晶体材料。第一个压电陶瓷是20世纪40年代中期合成的$BaTiO_3$，其压电常数相对于石英晶体有大幅提升。但是$BaTiO_3$的居里温度仅为120℃，当工作温度超过80℃时，压电性能便会出现严重劣化，限制了其在压电器件领域的广泛应用。$PbTiO_3$是与$BaTiO_3$结构相似的另一种钙钛矿型铁电体，居里温度高达490℃，室温时具有各类钙钛矿型铁电体自发极化强度的最高值（$P_s = 57 \times 10^{-12} C/m^2$）。然而，纯$PbTiO_3$陶瓷难以致密化烧结，这是因为$PbTiO_3$的晶轴比，即四方度$c/a$(1.063)远大于$BaTiO_3$(1.011)，烧结冷却阶段经历居里温度时，内部会出现很强的应力，导致陶瓷粉化与碎裂。

20世纪50年代，锆钛酸铅（$PbZrO_3$-$PbTiO_3$，简称PZT）二元系压电陶瓷研制成功。PZT体系最初由日本学者E. Sawaguchi等人研究发现并绘制出二元系相图，随后美国学者B. Jaffe揭示靠近准同型相界的PZT具有极为优异的压电特性，并很快获得授权专利。与其他类型的压电材料相比，PZT压电陶瓷具有居里温度高和综合压电性能优异等特点。这使压电陶瓷的应用范围大为扩展。代表性压电材料的电学参数见表5.1。时至今日，PZT及以其为基体的多元系压电陶瓷仍然是制造各类压电器件的主体材料。

表5.1 代表性压电材料的电学参数

电学参数	石英	$BaTiO_3$	PZT4	PZT5H	(Pb,Sm)TiO_3	PVDF-TrFE
d_{33}/(pC/N)	2	190	289	593	65	33
k_t	0.09	0.38	0.51	0.50	0.50	0.30
k_p		0.33	0.58	0.65	0.03	
ε_r	5	1700	1300	3400	175	6
Q_m	>10^5		500	65	900	3～10
T_c/℃		120	328	193	355	

PZT是由铁电体$PbTiO_3$和反铁电体$PbZrO_3$两种钙钛矿结构的氧化物形成的二元系连续固溶体$Pb(Zr_xTi_{1-x})O_3$（$0<x<1$），压电性能随Zr/Ti比的改变而变化。大量研究显示，PZT的高压电活性与相图中出现的准同型相界（morphotropic phase boundary, MPB）这一特殊结构相关。图5.9为PZT二元系相图。横贯相图的居里温度线（T_c线）把顺电立方相

与铁电相隔开。体系在铁电相区富锆一侧为三方相，富钛一侧为四方相，在 $x=0.53$ 附近存在一条与组成有类垂直关系的同质异晶相界，该相界即为准同型相界。实验表明，在准同型相界附近，PZT 压电陶瓷呈现高压电活性。如图 5.10 所示，PZT 的机电耦合系数 k 和相对介电常数 ε_r 在 MPB 附近均出现极值

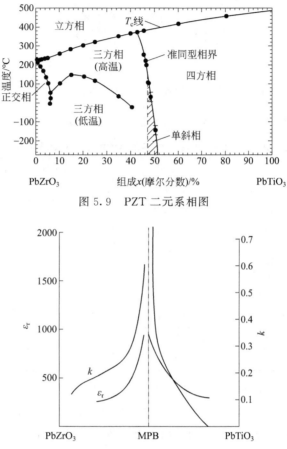

图 5.9 PZT 二元系相图

图 5.10 MPB 附近 PZT 陶瓷组成与电学性能关系图

关于由 MPB 组成的 PZT 陶瓷具有高压电活性的经典物理解释是在该相界附近，三方相与四方相间的自由能差小，相变激活能低，出现了两相共存现象。如图 5.11 所示，四方结构沿 [001] 有 6 个可能的极化方向，三方结构沿 [111] 有 8 个可能的极化方向，PZT 在两相共存的 MPB 附近有 14 个可能的极化方向，因而在外电场作用下自发极化矢量更容易发生旋转，增强了人工极化处理时电偶极矩沿外电场排列的取向程度，从而显著提升了压电性能。此外，相图中在 MPB 组成附近的低温区域存在低对称性的单斜相，见图 5.9，有研究显示该相可作为四方相与三方相的桥接相松弛极化，起到增强 PZT 材料压电活性的作用。

由于由准同型相界组成的 PZT 陶瓷具有高压电活性，借助 MPB 设计思想寻找和制备高压电性能的复合体系引起人们极大关注。

例如，将 $PbTiO_3$ 与铅基弛豫铁电体 $Pb(B'B'')O_3$ 复合，在一定组成范围内也可以构建出具有 MPB 结构的高压电性能 $Pb(B'B'')O_3$-$PbTiO_3$ 二元固溶体系。表 5.2 列出一些代表性

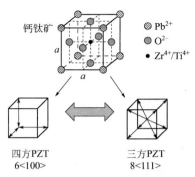

图 5.11 PZT 四方相与三方相的极化方向示意图

的 $Pb(B'B'')O_3$-$PbTiO_3$ 体系的 MPB 位置及对应的居里温度 T_c。

表 5.2 $Pb(B'B'')O_3$-$PbTiO_3$ 体系的 MPB 位置及对应居里温度 T_c

固溶体系组成	缩写	MPB 位置 PT 含量	T_c/℃
$Pb(Zn_{1/3}Nb_{2/3})O_3$-$PbTiO_3$	PZN-PT	0.09~0.10	约 175
$Pb(Mg_{1/3}Nb_{2/3})O_3$-$PbTiO_3$	PMN-PT	0.30~0.33	约 155
$Pb(Ni_{1/3}Nb_{2/3})O_3$-$PbTiO_3$	PNN-PT	0.28~0.33	约 130
$Pb(Co_{1/3}Nb_{2/3})O_3$-$PbTiO_3$	PCN-PT	0.33	约 250
$Pb(Sc_{1/2}Ta_{1/2})O_3$-$PbTiO_3$	PST-PT	0.45	约 205
$Pb(Sc_{1/2}Nb_{1/2})O_3$-$PbTiO_3$	PSN-PT	0.43	约 250
$Pb(Fe_{1/2}Nb_{1/2})O_3$-$PbTiO_3$	PFN-PT	0.07	约 140
$Pb(Yb_{1/2}Nb_{1/2})O_3$-$PbTiO_3$	PYN-PT	0.50	约 360
$Pb(In_{1/2}Nb_{1/2})O_3$-$PbTiO_3$	PIN-PT	0.37	约 320

此外，将 $PbTiO_3$ 与 Bi 基钙钛矿化合物 $BiScO_3$ 复合，可以构建出具有 MPB 结构的 $BiScO_3$-$PbTiO_3$（BSPT）二元固溶体系。图 5.12 为 BSPT 二元系相图，MPB 位于 $x=0.64$（PT 含量）附近。BSPT 是一种重要的高温压电陶瓷，兼具高居里温度（$T_c=450℃$）和高压电性能（$d_{33}=450pC/N$，$k_p=0.56$）的优点，可用于制作在高温极端环境中工作的高性能压电器件。

(2) PZT 基多元系压电陶瓷

根据 PZT 二元系相图，PZT 的 MPB 组成在锆钛比接近 1:1 附近，可供调控的组成范围十分有限。为了进一步提升 PZT 陶瓷的压电性能，满足不同压电陶瓷器件的应用需求，科研人员将铅基弛豫铁电体 $Pb(B'B'')O_3$ 作为外加组元与 PZT 复合，构建出以 PZT 为基体的三元系压电陶瓷——$Pb(B'B'')O_3$-$PbZrO_3$-$PbTiO_3$。1965 年，日本松下公司的科研人员首次公布了商品名为 PCM 的 PZT 基三元系压电陶瓷，主要组成为 $Pb(Mg_{1/3}Nb_{2/3})O_3$-$PbZrO_3$-$PbTiO_3$（缩写为 PMN-PZT）。随后，一系列三元系压电陶瓷材料相继研制成功，并广泛用于各类商业压电陶瓷器件的工业制造中，这些代表性的三元系压电陶瓷有 $Pb(Zn_{1/3}Nb_{2/3})O_3$-$PbZrO_3$-$PbTiO_3$（PZN-PZT）、$Pb(Ni_{1/3}Nb_{2/3})O_3$-$PbZrO_3$-$PbTiO_3$（PNN-PZT）、$Pb(Mn_{1/3}Sb_{2/3})O_3$-$PbZrO_3$-$PbTiO_3$（PMS-PZT）、$Pb(Mn_{1/3}Nb_{2/3})O_3$-$PbZrO_3$-$PbTiO_3$（PMnN-PZT）、$Pb(Co_{1/3}Nb_{2/3})O_3$-$PbZrO_3$-$PbTiO_3$（PCN-PZT）、$Pb(Mg_{1/2}W_{1/2})O_3$-$PbZrO_3$-$PbTiO_3$（PMW-PZT）等。

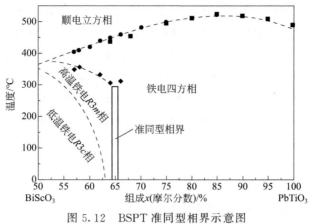

图 5.12　BSPT 准同型相界示意图

图 5.13 为 Pb(B'B'')O$_3$-PbZrO$_3$-PbTiO$_3$ 三元系相图。整个相图可划分为三个区域：富 Pb(B'B'')O$_3$ 区域为赝立方相，富 PbZrO$_3$ 区域为三方相，富 PbTiO$_3$ 区域为四方相。在三元系相图的二元边界中存在两类相界结构：a. MPB（Ⅰ），由 PbTiO$_3$ 与 PbZrO$_3$ 形成的第一类准同型相界；b. MPB（Ⅱ），由 Pb(B'B'')O$_3$ 与 PbTiO$_3$ 形成的第二类准同型相界。MPB（Ⅰ）和 MPB（Ⅱ）向三元相图内部延伸形成准同型相界线。与 PZT 二元系相比，Pb(B'B'')O$_3$-PbZrO$_3$-PbTiO$_3$ 三元系的相界由点扩展成线，MPB 调节自由度增高，在 PZT 二元系中难以获得的高电学参数或难以兼备的几种压电性能，可以较大程度地通过三元系的组成设计来满足。

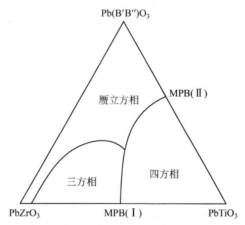

图 5.13　Pb(B'B'')O$_3$-PbZrO$_3$-PbTiO$_3$ 三元系相图示意图

此外，PZT 基三元系压电陶瓷还有如下一些特点。

① 结构特点。在大多数 Pb(B'B'')O$_3$-PbZrO$_3$-PbTiO$_3$ 三元系压电陶瓷中，钙钛矿结构 A 位元素仍为 Pb，改变的是处于氧八面体中 B 位元素的种类。与 PZT 相比，在相互固溶的情况下，三元系的氧八面体中心将有多种电价不为 4 的元素出现统计分布。例如，PZN-PZT 三元系压电陶瓷中 A 位被 Pb^{2+} 占据，B 位除 Zr^{4+} 和 Ti^{4+} 外，还出现被 Zn^{2+} 和 Nb^{5+} 占据的情况。通过在 PZT 中引入不同的 Pb(B'B'')O$_3$ 组元，改变 B 位元素的种类与组元间的配比，可以调整、优选出一系列兼顾多个优异压电参数的压电陶瓷体系。

② 工艺特点。与 PZT 二元系相比，Pb(B'B'')O$_3$-PbZrO$_3$-PbTiO$_3$ 三元系中氧化物的种类增多，多种氧化物共存能够降低体系的最低共熔点，有利于在低温下实现陶瓷的致密化烧结。同时，在多种化合物形成固溶体的过程中，自由能降低，也能够促进烧结进行。对于铅基陶瓷，由于主成分 PbO 的熔点（888℃）较低，低温烧结也有助于控制氧化铅的挥发量，实现产物计量比的精确控制。此外，在固相反应完成前，各种异相物质的存在可以抑制局部晶粒过度生长，因而三元系通常容易获得微观组织均匀致密、气孔率少、机械强度高的压电陶瓷材料。

5.3.2 软性掺杂与硬性掺杂

对于 PZT 基压电陶瓷改性，除了采用复合组元设计的方法，还有一种重要的技术手段是元素掺杂。PZT 属于典型的 ABO$_3$ 型钙钛矿结构，其中 A 位由 Pb^{2+} 占据，B 位由 Zr^{4+} 和 Ti^{4+} 占据。对 PZT 的掺杂改性主要是选取少量不同价态的添加元素取代 A 位的 Pb^{2+} 或 B 位的 Zr^{4+} 和 Ti^{4+}，通过调制微区结构、缺陷类型与畴壁运动，实现不同电学参数大小的定向控制。

目前，掺杂改性方法中应用最多的两类掺杂模式分别是软性掺杂与硬性掺杂。这两种掺杂模式产生的缺陷类型不同，带来的压电性能改性效果也完全不同，在实际应用中可以根据不同类型压电陶瓷器件的参数设计需求选择相应的掺杂模式。软、硬性掺杂压电陶瓷特征参数对比见表 5.3。

表 5.3 软、硬性掺杂压电陶瓷特征参数对比

特征参数	软性陶瓷	硬性陶瓷
压电常数	高	较低
介电常数	高	较低
介质损耗	较高	低
机电耦合系数	高	较低
机械品质因数	低	高
矫顽场	低	较高
极化、去极化	容易	较困难

（1）软性掺杂

软性掺杂又称施主掺杂，其原理是外加高价正离子取代 PZT 基体中与其半径相近的 A 位或 B 位的低价正离子，如 La^{3+}、Sm^{3+}、Nd^{3+} 取代 A 位的 Pb^{2+}，Nb^{5+}、Ta^{5+}、Sb^{5+}、W^{6+} 取代 B 位的 Zr^{4+} 或 Ti^{4+}。由于掺杂离子的电价都比相应的 A、B 位离子高，导致正电价富余。为了维持整体的电价平衡，钙钛矿晶格中出现 A 位空缺，即铅空位（正离子空位）进行电价补偿。需要说明的是，施主掺杂为什么产生的是 A 位空缺，而非 B 位空缺，这一点是由实验结果确定的。以少量 La^{3+} 掺杂 Pb(Zr,Ti)O$_3$ 为例，与晶体结构中铅空位 V$_{Pb}$ 生成相关的化学反应式如下：

$$0.01La_2O_3 + Pb(Zr,Ti)O_3 = Pb_{0.97}La_{0.02}[V_{Pb}]_{0.01}(Zr,Ti)O_3 + 0.03PbO\uparrow$$

铅空位的出现，使因逆压电效应所产生的机械应力与几何形变在一定空间范围内得到

缓冲，畴壁易于运动，矫顽场 E_c 降低，压电陶瓷易于极化，电学性能变"软"，即相对介电常数 ε_r 增大，机电耦合系数 k 升高。但是，铅空位的出现会增大机械损耗，引起 PZT 压电陶瓷机械品质因数 Q_m 的降低。

(2) 硬性掺杂

硬性掺杂又称受主掺杂，其改性原理与施主掺杂恰好相反。硬性掺杂原理是外加低价正离子取代 PZT 基体中与其半径相近的 A 位或 B 位的高价正离子，如 K^+ 或 Na^+ 取代 A 位的 Pb^{2+}，Fe^{3+}、Ni^{3+}、Co^{2+}、Mn^{2+} 取代 B 位的 Zr^{4+} 或 Ti^{4+}。由于掺杂离子的电价都比相应的 A、B 位离子的电价低，所以负电价富余。为了维持整体的电价平衡，钙钛矿晶格中出现氧空位（负离子空位）进行电价补偿。以少量 K^+ 掺杂 $Pb(Zr,Ti)O_3$ 为例，与晶体结构中氧空位 V_O 生成相关的化学反应式如下：

$$0.01K_2O + Pb(Zr,Ti)O_3 \Longrightarrow Pb_{0.98}K_{0.02}(Zr,Ti)O_{2.99}[V_O]_{0.01} + 0.02PbO\uparrow$$

一方面，氧空位与受主杂质能够耦合成缺陷偶极子并在铁电体内部形成内建电场。该内建电场即内偏场（E_i），对自发极化有稳定作用，使受主掺杂的 PZT 陶瓷难以进行人工极化；另一方面，氧空位的出现引起钙钛矿氧八面体结构发生畸变，对畴壁运动起到抑制作用。因此，受主掺杂导致 PZT 压电陶瓷的矫顽场 E_c 升高，电学性能变"硬"，即相对介电常数 ε_r 减小，机电耦合系数 k 降低，介质损耗 $\tan\delta$ 下降。但是，电畴运动活性降低有利于减小机械损耗，因而受主掺杂陶瓷的机械品质因数 Q_m 得到大幅提升，这一点有利于在大功率压电陶瓷器件中的应用。此外，受主掺杂诱导生成的氧空位有助于降低烧结过程中的物质传递激活能，从而促进烧结的进行。

作为参考，软、硬性 PZT 陶瓷的电滞回线如图 5.14 所示。与软性 PZT 陶瓷相比，硬性 PZT 陶瓷的电滞回线沿横轴出现一定幅度的位移，这是缺陷偶极子形成的内偏场（E_i）所致。

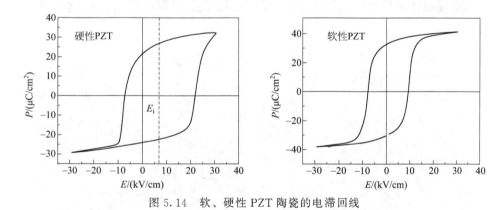

图 5.14 软、硬性 PZT 陶瓷的电滞回线

表 5.4 列出一些代表性的软、硬性 PZT 压电陶瓷及其相关电学参数。

表 5.4 软、硬性掺杂 PZT 压电陶瓷及相关电学参数

掺杂物	材料体系	T_c/℃	ε_r	$\tan\delta$ /×10^{-3}	k_p	d_{33} /(pC/N)	Q_m
软性：Nb^{5+}	$Pb_{0.98}(Zr_{0.52}Ti_{0.48}Nb_{0.024})O_3$	365	1700	15	0.60	374	85

续表

掺杂物	材料体系	T_c/℃	ε_r	$\tan\delta$ $/\times 10^{-3}$	k_p	d_{33} /(pC/N)	Q_m
软性:Sb^{5+}	$Pb_{0.96}Sr_{0.05}(Zr_{0.52}Ti_{0.46}Sb_{0.02})O_3$	>350	1510	15	0.46	410	95
软性:Nd^{3+}	$Pb_{0.97}Nd_{0.02}(Zr_{0.54}Ti_{0.46})O_3$	330	1600	20	0.60	355	100
硬性:Fe^{3+}	$Pb(Zr_{0.525}Ti_{0.472}Fe_{0.003})O_3$	300	820	4	0.59	240	500
硬性:Ni^{3+}	$Pb_{0.95}Sr_{0.05}[(Zr_{0.52}Ti_{0.44})Ni_{0.04}]O_3$	330	1000	8	0.50	200	350

对于 PZT 基压电陶瓷的非等价掺杂，由于掺杂物在基体中通常存在固溶限，因而只有在掺杂量合适时才能获得良好的改性效果。以 MnO_2 掺杂改性 0.2PZN-0.8PZT 压电陶瓷为例，1050℃烧结制备的不同 MnO_2 掺杂量陶瓷样品的断面 SEM 照片如图 5.15 所示。

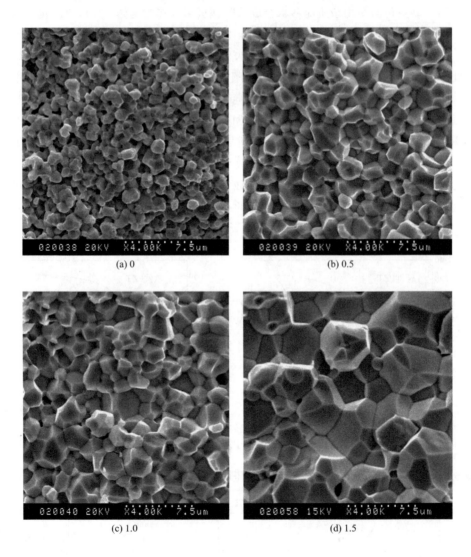

(a) 0　　(b) 0.5　　(c) 1.0　　(d) 1.5

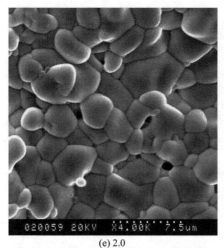
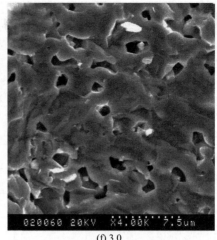

(e) 2.0　　　　　　　　　　　　　(f) 3.0

图 5.15　不同 MnO_2 掺杂量 0.2PZN-0.8PZT 陶瓷断面 SEM 照片（掺杂量以质量分数计）

未掺杂样品的晶粒尺寸较小，内部有大量气孔。掺杂少量 MnO_2 有助于陶瓷的致密化烧结与晶粒生长，所得陶瓷晶粒发育良好，晶界清晰。但是，当 MnO_2 的掺杂量达到 2.0%（质量分数）时，陶瓷晶粒的形状变得浑圆，且晶粒尺寸减小，说明此时掺杂量已超过固溶限，过量的锰在晶界积聚，抑制晶粒长大。进一步增加 MnO_2 的掺杂量到 3.0% 时，陶瓷内部出现大量密闭气孔，且无法观察到清晰的晶粒晶界组织结构，说明 0.2PZN-0.8PZT 陶瓷在高掺杂量下已经不能够实现致密化烧结。电学性能测试表明，改性陶瓷的最优压电性能在 MnO_2 掺杂量为 0.5%~1.0% 范围内获得，高于固溶限时，过量掺杂导致的微观结构不均匀与体密度下降会显著恶化压电性能。

5.4　无铅压电陶瓷

5.4.1　无铅化的意义与材料体系

在压电陶瓷领域中，以 PZT 为代表的铅基压电陶瓷因性能优异而长期占据压电器件用陶瓷材料的主导地位。然而，在铅基压电陶瓷中，氧化铅含量占原料总质量超过 60%。铅是有毒的重金属元素，且氧化铅熔点（888℃）低，高温烧结时易挥发，因而铅基压电陶瓷在制备、使用及废弃处理过程中，会污染生态环境和损害人类健康，不利于社会与经济的可持续发展。欧盟在 21 世纪初最先推出《电子电气设备中限制使用某些有害物质指令》(The Restrictions of the Use of Certain Hazardous Substances in Electrical and Electronic Equipment，RoHS 指令)，要求投放欧盟市场的电子电气设备中不得含有包括铅（Pb）在内的 6 种有害物质：铅（Pb）、汞（Hg）、镉（Cd）、六价铬（Cr^{6+}）、多溴联苯（PBB）和多溴二苯醚（PBDE）。随后，日、美等国进行相关立法，同时期我国也出台了《电子信息产品污染控制管理办法》。以在我国销售的某型号扫描仪为例，其环保说明书如图 5.16 所示，说明书列出了不同部件中含有的有毒有害物质或元素情况。

因而，在电子陶瓷元器件领域，发展可替代铅基压电陶瓷的高性能无铅压电陶瓷已成为

中华人民共和国
电子信息产品污染控制标志

本标志适用于在中华人民共和国销售的电子信息产品，
标志中央的数字代表产品的环保使用期限。

部件名称	有毒有害物质或元素					
	铅(Pb)	汞(Hg)	镉(Cd)	六价铬(Cr(Ⅵ))	多溴联苯(PBB)	多溴二苯醚(PBDE)
显示单元/操作面板单元	×	×	×	○	○	○
图像扫描单元	×	×	×	○	○	○
电源单元	×	○	×	○	○	○
其他的电气实装单元	×	○	×	○	○	○
其他的机构零件	×	○	×	○	○	○

○：　表示该有毒有害物质在该部件所有均质材料中的含量均在SJ/T11363-2006规定的限量要求以下。
×：　表示该有毒有害物质至少在该部件的某一均质材料中的含量超出SJ/T11363-2006规定的限量要求。
注释：根据产品的不同，一些部件不适用于此指令。

图 5.16　某型号扫描仪环保说明书

各国电子工业所面临的紧迫任务。

无铅压电陶瓷的深层含义是环境协调性压电陶瓷，不仅要求材料体系成分中不含铅，而且也不能包含其他可能对人类及生态环境造成危害的有毒有害物质，且在制备、使用及废弃后处理的全流程中对环境友好。简而言之，无铅压电陶瓷的研究目标是既有满意的使用性能，又有环境协调性。

目前，有实用意义的无铅压电陶瓷主要有五大类：$(K，Na)NbO_3$(KNN) 基无铅压电陶瓷、$(Na_{0.5}Bi_{0.5})TiO_3$(NBT) 基无铅压电陶瓷、$BaTiO_3$(BT) 基无铅压电陶瓷、铋层状结构无铅压电陶瓷和钨青铜结构无铅压电陶瓷。其中，KNN 基、NBT 基和 BT 基无铅压电陶瓷均属于钙钛矿结构氧化物，压电活性高，是目前无铅压电陶瓷的研发重点。

(1) KNN 基无铅压电陶瓷

$(K，Na)NbO_3$ 是由 $KNbO_3$ 与 $NaNbO_3$ 形成的钙钛矿二元体系，其中组元 $KNbO_3$ 是与 $BaTiO_3$ 结构类似的铁电体，$NaNbO_3$ 是反铁电体，但具有强电场诱发的铁电性。$(K，Na)NbO_3$ 基陶瓷同时具备高压电常数和高居里温度，是国际上研究较多的无铅压电陶瓷材料。图 5.17 所示为 $KNbO_3$-$NaNbO_3$ 二元系相图。类似于 PZT 二元系，$KNbO_3$ 与 $NaNbO_3$ 在全组成范围内可形成固溶体，但在不同组成区域存在复杂相变序列。

研究发现，无论是采用热压烧结还是常规空气烧结，二元系组成中的 $(K_{0.5}Na_{0.5})NbO_3$ 体系均呈现出最优的压电性能，k_p 呈现极值，尽管该组成材料的介电常数并非最大。$KNbO_3$-$NaNbO_3$ 二元体系陶瓷组成与电学性能的关系如图 5.18 所示。

$(K_{0.5}Na_{0.5})NbO_3$ 具有与组元 $KNbO_3$ 相似的相变序列。图 5.19 为 $(K_{0.5}Na_{0.5})NbO_3$ 的介电温谱。室温下，$(K_{0.5}Na_{0.5})NbO_3$ 为正交相，当温度升高至相变点 $T_{O\text{-}T}=220℃$ 时，体系经历正交——四方相变，进入四方相区，而当温度进一步升高超过居里温度 $T_c=420℃$ 时，体系转变为立方相。

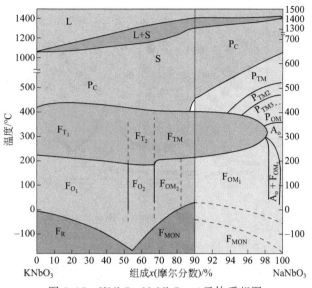

图 5.17　$KNbO_3$-$NaNbO_3$ 二元体系相图

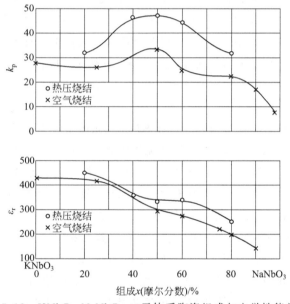

图 5.18　$KNbO_3$-$NaNbO_3$ 二元体系陶瓷组成与电学性能关系图

由 $KNbO_3$-$NaNbO_3$ 二元相图可见，KNN 熔点低，固液共存区与常规烧结温区（1000～1150℃）出现重叠，这给陶瓷的致密化烧结带来困难。高温下出现固液共存易引起材料组分偏析，同时，高温下钾、钠挥发严重，也会引起化学计量比失配甚至出现杂相。国内外研究人员围绕 KNN 改性做了大量工作，主要方法包括优化制备工艺与设计材料体系两方面。

从制备工艺角度分析，通过改进常规烧结工艺或采用特种烧结技术，已能够制备出高致密度的 KNN 基压电陶瓷。例如，采用具有气氛保护功能的双层坩埚法制备的 KNN 陶瓷压电常数 d_{33} 为 126pC/N，相比早期的纯 KNN 陶瓷的 d_{33}（80pC/N）提高了 50% 以上。添加烧结助剂（如 CuO、ZnO、GeO_2、$K_4CuNb_8O_{23}$ 等）可显著改善 KNN 体系烧结特性，在实

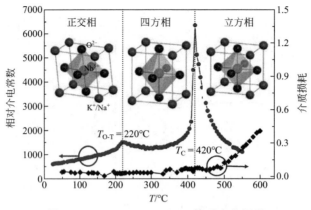

图 5.19 $(K_{0.5}Na_{0.5})NbO_3$ 体系介电温谱

现陶瓷致密化的同时,主成分钾、钠的挥发量也得到有效控制。此外,采用热压或放电等离子烧结等特种烧结技术时,由于引入压力和脉冲电流等多种促烧因素,能够实现 KNN 陶瓷的低温快速致密化。例如,在 20 世纪 60 年代早期的研究中已经发现,热压烧结的纯 KNN 陶瓷 d_{33} 可达 160pC/N;近年来采用放电等离子烧结技术在 920℃ 的低温即可完成 KNN 陶瓷的致密化,相对密度接近 99%,压电常数 d_{33} 也达到 150pC/N 左右。重要的是,特种烧结技术对抑制 KNN 陶瓷在常规烧结中出现的异常晶粒长大也十分有效,制备的陶瓷具有致密均匀的细晶组织结构,可显著提升陶瓷的力学特性。然而,现有的特种烧结技术在实验室级别材料的研究中应用居多,在工业领域推广仍有诸多限制,如设备昂贵、工艺复杂和成本较高等问题。

另一方面,从体系设计角度分析,通过在 KNN 二元体系中引入其他复合组元或掺杂元素,调制物相组成,从而制备 KNN 基高性能无铅压电陶瓷也取得较大进展。代表性的方法是调整相变点位置至室温附近,增强材料压电活性,例如将高温处的正交-四方相变点(T_{O-T})迁移至室温附近,基于多相共存来提升极化效果。图 5.20 为 KNN-复合组元($LiTaO_3$,$LiNbO_3$ 和 $SrTiO_3$)相图。可以看到,添加约 5 mol% 的第二组元能够将 T_{O-T} 由纯 KNN 的 200℃ 迁移至室温附近。同样,将 KNN 低温位置的三方-正交相变点(T_{R-O})迁移至室温附近也能够提升极化效果。此外,研究还发现,在 KNN 基体系中通过一些特定离子的取代与组元复合还可以在将 KNN 的 T_{O-T} 调节至室温附近的同时,将 T_{R-O} 也提升至室温附近,从而构建出具有类 PZT 的新型三方-四方相界(R-T 相界),该类型相界在提升压电性能方面的效果更为突出。常用的钙钛矿结构 A 位的掺杂离子有 Li^+、Ag^+、Mg^{2+}、Ca^{2+}、Sr^{2+}、Ba^{2+} 和 Bi^{3+} 等,B 位的掺杂离子有 Sb^{5+}、Nb^{5+}、Ta^{5+}、Zr^{4+}、Ti^{4+}、Sc^{3+} 和 Fe^{3+} 等。例如,在 KNN 二元体系中掺杂 $Li^+/Ta^{5+}/Sb^{5+}$ 的同时,调整 K^+/Na^+ 比例,采用常规陶瓷工艺可制备出压电常数超过 300pC/N 的压电陶瓷。

工程应用方面,KNN 基陶瓷相比于 PZT 基陶瓷的一个突出优势是其与贱金属内电极的相容性好,在低氧分压下能够与 Ni 内电极实现共烧,这对于替代 Ag-Pd 等贵金属内电极制造低成本的多层压电陶瓷器件(如多层压电驱动器和多层压电变压器)是极为有利的。在科研人员的努力下,现有一些改性 KNN 基陶瓷的室温压电常数 d_{33} 已突破 500pC/N,可与经典 PZT 基压电陶瓷相媲美。但是,目前限制该类材料大规模应用的关键问题是压电性能的

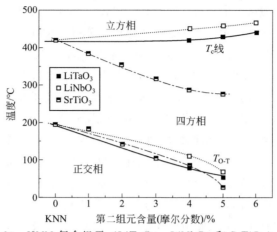

图 5.20 KNN-复合组元（$LiTaO_3$、$LiNbO_3$ 和 $SrTiO_3$）相图

温度稳定性较差，环境温升极易导致压电常数出现严重劣化。这一缺陷与 KNN 基体系的本征相界结构特征相关。图 5.21 为 PZT 与 KNN 的相界结构对比示意图。对于 PZT 体系，准同型相界 MPB 与组成呈类垂直关系，相界结构受温度影响较小，这对于获取具有优异温度稳定性的高性能压电陶瓷极为有利。但是对于 KNN 基体系，相图中并无类似于 PZT 的 MPB 结构，实际相界为倾斜型的多型相转变 PPT（polymorphic phase transition）。由于相图中 PPT 与组成并非垂直关系，室温附近相界处因两相共存而获得的优良压电性能会因温升引起的相变而无法维持到高温区。因而，如何设计出类似 PZT 的 MPB 相界或采用新的材料改性方法，在提升压电性能的同时增强温度稳定性是未来 KNN 基压电陶瓷发展的重要方向。

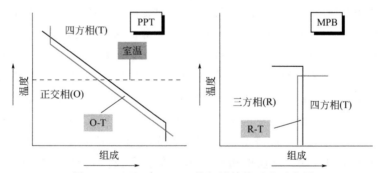

图 5.21 PZT 与 KNN 的相界结构对比示意图

（2）NBT 基无铅压电陶瓷

与 $BaTiO_3$ 相比，$PbTiO_3$ 具有更强铁电性的一个重要原因是 ABO_3 钙钛矿结构中的 A 位 Pb^{2+} 具有 $6s^2$ 特征孤电子对构型，理论计算表明该特征电子对易与氧离子形成非对称共价键，起到稳定 B 位离子铁电活性、增强钙钛矿化合物极化位移的作用。但是，铅是有毒的重金属元素，不利于环保。在化学元素周期表中，与铅（Pb）紧邻的元素是铋（Bi）和铊（Tl），其中具有稳定价态的 Tl^+ 和 Bi^{3+} 的外层电子构型均为 $6s^2$。但是，Tl^+ 也具有强毒性，早期，铊化物曾作为杀鼠、杀虫和防霉药剂在农业等领域应用，但是世界各国为避免其毒性及环境污染，目前已基本停止相关应用。与 Pb^{2+} 和 Tl^+ 相比，Bi^{3+} 的毒性较弱，因而采用具有铁电活性的 Bi^{3+} 替代 Pb^{2+} 有利于发展无铅钙钛矿型压电陶瓷。实际上，作为一类代表性

的无铅压电陶瓷，铋基钙钛矿化合物（$Na_{0.5}Bi_{0.5}$）TiO_3（NBT）的铁电性早在1960年就已经由苏联科学家Smolensky等人发现。从晶体结构角度分析，NBT是一种A位离子复合型钙钛矿铁电体，A位除了有Bi^{3+}占位外，等数Na^+离子（Na^+：Bi^{3+}=1：1）的引入可用于平衡化合价，使得A位复合离子组合（$Na_{0.5}Bi_{0.5}$）具有平均化合价+2，满足构成B位为Ti^{4+}的ABO_3钙钛矿型氧化物的需求。类似于NBT这类A位离子复合型钙钛矿铁电体还有（$K_{0.5}Bi_{0.5}$）TiO_3（KBT），只是与NBT相比，采用常规陶瓷工艺制备高致密度的KBT压电陶瓷极为困难，使得有关纯KBT压电陶瓷的研究报道较少。NBT的居里温度$T_c=320℃$，室温时为三方对称结构（$R3_C$），具有很强的铁电性，剩余极化$P_r=38\mu C/cm^2$。同时，NBT还具有厚度及纵向机电耦合系数大，声学性能好等特征。但是，纯NBT陶瓷存在的主要问题是室温下矫顽场较大（$E_c=73kV/cm$），且陶瓷的烧成温度（>1200℃）较高。高温烧结导致Bi^{3+}的挥发加剧，同时伴随有大量氧空位的生成，如下式所示：

$$4(Bi_{0.5}Na_{0.5})TiO_3 \longrightarrow Bi_2O_3\uparrow + 4\{(V'''_{Bi0.5}Na_{0.5})TiO_{9/4}V^{\cdot\cdot}_{O3/4}\}$$

一方面，陶瓷体内空位缺陷增多会引起NBT陶瓷的体电阻率下降，不利于提升极化电场；另一方面，氧空位的出现会钉扎畴壁，显著抑制畴壁运动，这些因素导致难以对NBT陶瓷施加充分的人工极化，限制了其压电性能的提升。

通过特种陶瓷烧结工艺在低温下实现NBT陶瓷的致密化有利于确保材料的化学计量比并提升压电性能。例如，采用热压工艺可以于1100℃制备出相对密度达到98%的NBT陶瓷，其机电耦合系数$k_{33}=0.48$，压电常数$d_{33}=93pC/N$。不过，从工业应用角度分析，常规陶瓷工艺仍是开发高性能NBT基压电陶瓷的首选方法。当前对NBT陶瓷的改性研究主要集中于复合第二组元［如$BaTiO_3$、$SrTiO_3$、$NaNbO_3$、（$K_{0.5}Bi_{0.5}$）TiO_3等］或进行元素掺杂来优化材料体系组成，一方面，拓宽陶瓷烧成温度范围，实现材料烧结特性的提升；另一方面，降低陶瓷铁电相区的电导率和矫顽场，确保充分的人工极化，从而提高压电性能。由于NBT室温时为三方对称结构，这预示着引入具有四方对称结构的钙钛矿相作为第二组元形成NBT基二元固溶体系有可能出现类似于PZT的准同型相界结构，并获得高的压电性能。这方面以日本学者Takenaka等人为代表的科学家从20世纪80年代起持续做了大量工作，具有代表性的两个复合体系是（$Na_{0.5}Bi_{0.5}$）TiO_3-$BaTiO_3$（NBT-BT）和（$Na_{0.5}Bi_{0.5}$）TiO_3-（$K_{0.5}Bi_{0.5}$）TiO_3（NBT-KBT）。BT是四方钙钛矿相氧化物，能够与NBT形成二元固溶体。NBT-BT二元体系相图（注：反铁电相区的确认仍存争议）及与组成相关的电学性能如图5.22所示。对于$(1-x)NBT-xBT$体系，准同型相界（MPB）的位置靠近$x=0.06\sim0.07$，该组成材料具有最优的介电与压电性能，其中$d_{33}>150pC/N$。同时，NBT-BT材料的力学特性也很好，机械强度约是传统PZT基陶瓷的3倍。

KBT是具有四方对称性的A位离子复合型钙钛矿铁电体，也能够与NBT形成二元固溶体。对于$(1-x)NBT-xKBT$体系，准同型相界（MPB）的位置靠近$x=0.16\sim0.20$，该组成材料易于烧结，电学性能较为优异，如$k_{33}=0.54$，$d_{33}=157pC/N$。借鉴PZT基三元系压电陶瓷的设计经验，将NBT-BT与NBT-KBT两个二元体系进一步组合成三元系NBT-KBT-BT，可以扩展用于材料设计的MPB区域。图5.23为NBT-KBT-BT三元系的局域相图。在准同型相界（MPB）附近进行NBT-KBT-BT材料改性，可以获得更为优异的压电性能，$d_{33}=181pC/N$，$k_{33}=0.56$。

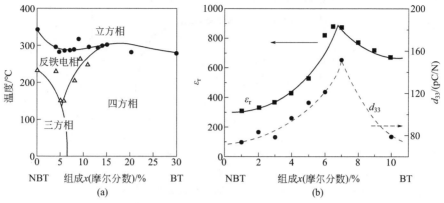

图 5.22 NBT-BT 二元体系相图（a）和 NBT-BT 体系与组成相关的电学性能（b）

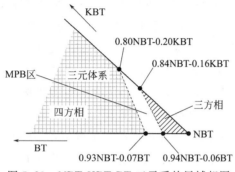

图 5.23 NBT-KBT-BT 三元系的局域相图

PZT 陶瓷中的软、硬性掺杂改性机制也适用于 NBT 基陶瓷体系。研究发现，对于 NBT-BT 体系，在钙钛矿结构 B 位掺杂高价 Nb^{5+} 可以起到施主掺杂作用，可增大压电常数、介电常数和介质损耗；而在钙钛矿结构 B 位掺杂低价 Co^{3+} 可以起到受主掺杂作用，可减小压电常数和介质损耗，提升机械品质因数。此外，利用稀土元素掺杂能够有效降低 NBT 基陶瓷的矫顽场，增强材料的电学品质。例如，少量 La^{3+} 掺杂可以引起晶格扭曲，微观结构发生变化，明显改善 NBT 基陶瓷的介电和压电性能，特别是 La^{3+} 掺杂还能够降低 NBT 基材料的疲劳特性，这对应用于压电器件也是有利的。

尽管现有的一些研究工作已经取得重要进展，且已有基于 NBT 基改性压电陶瓷的压电器件问世。但是目前仍存的重要难题是 NBT 基压电陶瓷的工作温区较窄，这是因为在低温处（<200℃）因铁电态向弛豫态转变导致退极化现象，压电性能严重恶化甚至丧失。NBT 陶瓷的机电耦合系数 k_{33} 与温度的关系如图 5.24 所示。当温度升高至退极化温度（T_d）180℃左右时，NBT 陶瓷已不具备压电活性。此外，大量研究发现，通过复合或掺杂虽然能大幅度提升 NBT 基陶瓷的室温压电性能，但是不利因素是退极化温度同时会显著下降。相反，提升退极化温度的代价是压电性能的降低。尽管有工作揭示淬火处理有利于稳定三方铁电态，提升退极化温度，但是到目前为止，仍未见同时具备高压电性能和高退极化温度（>250℃）的 NBT 基压电陶瓷出现。因而，如何进一步通过材料设计与工艺优化改善退极化温度较低的问题是 NBT 基压电陶瓷未来发展的重要方向。

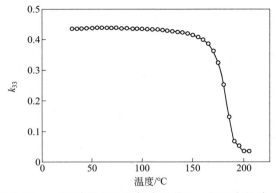

图 5.24 NBT 陶瓷的机电耦合系数 k_{33} 与温度的关系

（3）BT 基无铅压电陶瓷

BaTiO$_3$ 是早于 PZT 发现的钙钛矿型铁电陶瓷，易于烧结且经极化后压电常数 d_{33}（100～200pC/N）远远高出石英（2pC/N）。同时，相比于罗息盐及磷酸二氢钾（KDP），BaTiO$_3$ 的化学性质稳定且不溶于水，便于器件应用。早在 20 世纪 40 年代末，钛酸钡压电陶瓷已经成功地在换能器、滤波器等压电器件上得到应用。关于 BaTiO$_3$ 压电陶瓷的研究工作，早期主要集中于掺杂改性与晶粒尺寸调控方面。作为高介电常数材料，BaTiO$_3$ 在铁电陶瓷电容器领域至今仍处于主体地位，不过由于其居里温度（$T_c=120$℃）较低，作为压电陶瓷使用时工作温区较窄，限制了其在压电器件领域的大范围应用。特别是在 20 世纪 50 年代 PZT 问世后，BaTiO$_3$ 作为压电陶瓷的应用迅速减少。但是，由于 BaTiO$_3$ 不含有毒的铅元素，随着世界各国对环境保护和可持续发展的重视，近年来对 BaTiO$_3$ 基无铅压电陶瓷的研究又趋于增长。

2009 年，任晓兵等参考 PZT 的 MPB 相界设计思路，提出具有高压电活性的新型 BaTiO$_3$ 基无铅固溶体系——Ba(Zr$_{0.2}$Ti$_{0.8}$)O$_3$-(Ba$_{0.7}$Ca$_{0.3}$)TiO$_3$（BZT-BCT）。图 5.25 为 BZT-BCT 伪二元体系相图。相图中 MPB 相界将富 BZT 的三方相与富 BCT 的四方相分开，并与 T_c 线相交于 C-R-T 三重临界点（tricritical point, TCP）。在 BZT-BCT 体系中，室温靠近相界的 0.50Ba(Zr$_{0.2}$Ti$_{0.8}$)O$_3$-0.50(Ba$_{0.7}$Ca$_{0.3}$)TiO$_3$［BZT-50BCT，即 (Ba$_{0.85}$Ca$_{0.15}$)(Ti$_{0.90}$Zr$_{0.10}$)O$_3$］具有 93℃的居里温度和显著优于一些代表性无铅压电材料的压电性能，见图 5.26。特别是，其室温压电常数高达 620pC/N，甚至高于商用软性 PZT-5H 压电陶瓷。

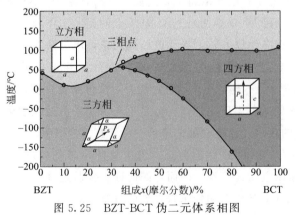

图 5.25 BZT-BCT 伪二元体系相图

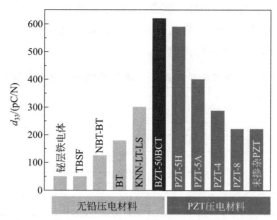

图 5.26　BZT-50BCT 体系与 PZT 压电家族及其他非铅体系的压电常数值对比

TBSF—钨青铜结构压电陶瓷；NBT-BT—$(Na_{0.5}Bi_{0.5})TiO_3$-$BaTiO_3$ 压电陶瓷；
BT—$BaTiO_3$ 基压电陶瓷；KNN-LT-LS—$(K,Na,Li)(Nb,Ta,Sb)O_3$ 基压电陶瓷

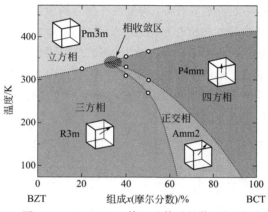

图 5.27　BZT-BCT 伪二元体系的修正相图

高压电性能无铅材料体系 BZT-BCT 的发现引起了压电陶瓷领域研究人员的广泛关注，并就该体系的微结构解析与材料改性开展了大量工作。2013 年，BZT-BCT 伪二元体系相图被进一步精确修订，如图 5.27 所示，在修订相图中确认有正交相存在，该相作为桥接相连接三方相与四方相，对材料压电性能的提升做出重要贡献。为了进一步降低制备 BZT-BCT 陶瓷的烧结温度（1450~1500℃），人们从粉体技术和烧结技术两方面进行新工艺探索。粉体技术方面，化学法（如溶胶-凝胶法、熔盐法、水热法等）被用于合成前驱粉体以提升烧结活性；烧结技术方面，特种烧结技术（如微波烧结，放电等离子烧结）被采用以促进陶瓷低温致密化。表 5.5 列出公开报道的不同方法制备 BZT-50BCT 的烧结温度与电学性能。尽管化学法与特种烧结技术的应用能够降低 BZT-50BCT 陶瓷的烧结温度，但是与常规工艺制备的压电陶瓷相比，这些方法制备的陶瓷的压电性能大多出现不同程度的减小。BZT-BCT 体系陶瓷的压电性能与晶粒尺寸也有密切关系，晶粒尺寸太小不利于压电性能的提升。此外，PZT 压电陶瓷中常用的掺杂技术也被用于 BZT-BCT 陶瓷改性，但是研究结果显示掺杂提升压电性能的效果十分有限。

与大多数 $BaTiO_3$ 基压电陶瓷一样，BZT-BCT 压电陶瓷在压电器件领域应用的最大挑战仍是居里温度较低，但是考虑到该材料具有极高的室温压电性能，在一些对工作温度要求不高的压电器件的应用方面仍具有重要价值。

表 5.5　不同方法制备 BZT-50BCT 的烧结温度与电学性能

制备方法	烧结温度/℃	晶粒尺寸/μm	相对密度/%	ε_r	d_{33}/(pC/N)
溶胶-凝胶法	1450	15	95	2482	637
熔盐法（NaCl-KCl）	1360	>20	94	2654	604
水热法	1320	10	89	—	213
微波烧结	1400	22.6	94.7	2500	342
放电等离子烧结	1120	0.4	97	约 2700	72

几类代表性压电陶瓷的原位测量变温压电与介电性能对比如图 5.28 所示，其中无铅压电陶瓷选取 $(Na_{0.5}Bi_{0.5})TiO_3$-$BaTiO_3$（NBT-BT）和 $Ba(Zr_{0.2}Ti_{0.8})O_3$-$(Ba_{0.7}Ca_{0.3})TiO_3$（BCZT），铅基压电陶瓷选取 $Pb(Zn_{1/3}Nb_{2/3})O_3$-$Pb(Zr_{0.5}Ti_{0.5})O_3$（PZN-PZT）和 $BiScO_3$-$PbTiO_3$（BS-PT）。所有样品的压电常数 d_{33} 均呈现出先升高后降低的变化趋势。初始温升引起的压电性能升高与铁电体的电畴活性增强相关，在压电常数-温度曲线（d_{33}-T 曲线）中出现 d_{33} 下降拐点，则说明有退极化行为。对于 NBT-BT、BCZT、PZN-PZT 和 BS-PT，介电常数-温度曲线（ε-T 曲线）的峰值对应的温度，即 T_m/T_c，分别为 278℃、92℃、326℃ 和 420℃。由于 T_m/T_c 附近出现居里相变，压电性能会严重劣化。但是实际上，d_{33} 出现衰减的初始温度，即 d_{33}-T 曲线中的峰值温度，要远低于 T_m/T_c，该特征温度对于压电器件

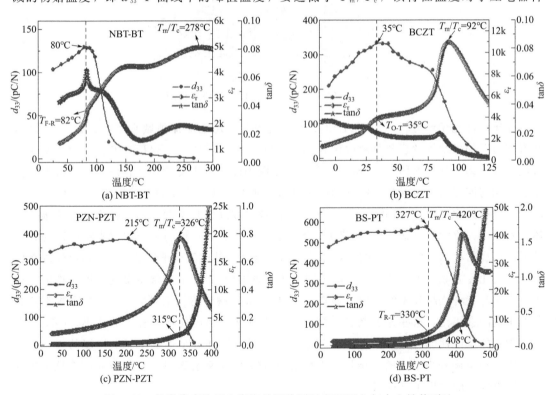

图 5.28　几类代表性压电陶瓷的原位测量变温压电与介电性能对比

的工程化应用十分重要,这里被定义为退极化特征温度(T_{dp})。退极化特征温度与铁电体的结构相变相关。对于 NBT-BT,T_{dp} 为 80℃,该温度对应于铁电态向遍历弛豫态转变的温度 T_{F-R},同时介质损耗-温度曲线($\tan\delta$-T 曲线)伴有强介质损耗峰出现;对于 BCZT,T_{dp} 为 35℃,该温度对应于正交相向四方相转变的温度 T_{O-T};对于 PZN-PZT,T_{dp} 为 215℃,对应于 MPB 向高温四方相转变的温度 T_{MPB-T};对于 BS-PT,T_{dp} 高达 327℃,对应于三方相向四方相转变的温度 T_{R-T}。由此可见,无铅压电陶瓷相比于铅基压电陶瓷在应用中存在的主要问题是低温结构相变所导致的退极化行为。

除了上述钙钛矿型无铅压电陶瓷,非钙钛矿型无铅压电陶瓷主要有铋层状结构无铅压电陶瓷和钨青铜结构无铅压电陶瓷等类型。铋层状结构无铅压电陶瓷通常具有居里温度高、介电常数低、击穿场强大、介电和压电性能各向异性强等特点,但是主要缺点是压电活性低,这是因其特殊的二维层状晶体结构限制自发极化转向所致,因而铋层状结构无铅压电陶瓷难以在需要高压电常数的压电致动器等器件上获得应用,仅适用于高温压电传感器等类型器件的制造。钨青铜结构化合物具有自发极化大、居里温度较高、介电常数较低、光学非线性较大等特点,作为电光晶体已被广泛研究,但在压电陶瓷领域中的应用相对较少。近年来,一些研究显示钨青铜结构的铌酸盐体系可以通过常规烧结工艺获得致密的陶瓷体,并展现出较好的压电性能。但是与钙钛矿型无铅压电陶瓷相比,钨青铜结构无铅压电陶瓷的性能仍有较大差距。

总之,纵观不同的无铅压电陶瓷体系,虽各有特点,但目前国际上还没有哪一个体系可以完全独立地取代以 PZT 为代表的铅基压电陶瓷。由于环境保护和社会经济的可持续发展的需要,无铅压电陶瓷替代铅基压电陶瓷是必然趋势,尚需各方持续加大研发力度,要注重从材料设计与工艺优化等多角度出发,兼顾拓宽工作温区和改善压电性能两方面,逐步形成满足不同压电器件应用需求的系列化无铅压电陶瓷材料数据库与相关技术标准。

5.4.2 压电陶瓷织构化技术

(1) 压电单晶及其取向性

与陶瓷相比,单晶不受颗粒大小、晶界及孔隙度的影响,具有非常优良的压电性能。近年来,弛豫铁电单晶,如 $Pb(Mg_{1/3}Nb_{2/3})O_3$-$PbTiO_3$(PMN-PT)、$Pb(Zn_{1/3}Nb_{2/3})O_3$-$PbTiO_3$(PZN-PT)等,因其优异的电学性能特别引人注目,形成了压铁电材料领域研究的一大热点。世界著名学术刊物《Science》对弛豫铁电单晶的研究成果进行了专题评论,认为其是"铁电领域近 50 年来一次巨大的突破"。

表 5.6 列出不同切向弛豫铁电单晶的介电和压电性能。可以看出,压电单晶具有强各向异性,电学性能与切片方向密切相关。例如,对于组分为 PZN-0.08PT 的晶体,当按 [001] 切向时,压电常数 d_{33} 高达 2070pC/N;而沿 [111] 切向时,压电常数仅为 82pC/N。1997 年,美国 Shrout TR 等人在研究过程中成功培养出大尺寸(20mm×20mm)的 PZN-PT 晶体,可满足特定 B 超探头的使用要求,开始真正将这类高性能压电单晶推向实用化。压电单晶可以采用高温溶液法(助溶剂法)、布里奇曼法(坩埚下降法)和固态再结晶法等工艺合成。相比于压电多晶陶瓷,压电单晶的性能更为优异,现已成功用于压电多层驱动器和医用超声探头等商业器件的工业制造。除了铅基压电单晶,科学家在无铅压电单晶的合成与物

性分析方面也做了大量工作,通过改善晶体生长工艺、优化晶体组分以及掺杂等方法,使无铅压电单晶的电学性能得到大幅提升。但是,目前限制压电单晶进一步大范围在压电器件领域应用的主要因素是晶体生长效率低带来的高制造成本,机械加工性能差以及高质量压电晶体组成结构的精确控制(包括主晶相稳定性控制、晶体成分均匀性控制和晶体缺陷控制等)问题。

表 5.6 不同切向弛豫铁电单晶的介电和压电性能

单晶	切向	ε_r	$d_{33}/(pC/N)$	k_{33}
PZN	111	900	83	0.38
PZN	001	3600	1100	0.85
PZN-0.08PT	111	2150	82	0.40
PZN-0.08PT	001	4200	2070	0.94
PMN-0.35PT	001	3100	1240	0.92

(2) 无铅压电织构陶瓷

图 5.29(a) 和 (b) 分别为宏观尺度和微观尺度下城墙砖体与陶瓷晶粒的排列结构。与人工建造的城墙砖体呈现出的有序排列特点不同,常规陶瓷工艺制备的多晶陶瓷的内部晶粒呈现出随机排列的无序特征。晶粒随机排列的铁电陶瓷是各向同性的,极化后压电性能远不及单晶体。但是,如果铁电陶瓷中的晶粒能够像城墙砖体一样有序排列,则可以大大提高极化效率,增强压电性能。这种晶粒定向排列的压电陶瓷被称为压电织构陶瓷。压电织构陶瓷的制备可以弥补大尺寸、高质量压电单晶体生产成本高、制备困难的缺陷。

(a) 城墙砖体　　　　　　　　　　(b) 陶瓷晶粒

图 5.29 组织结构对比图

研究工作显示 $Bi_4Ti_3O_{12}$、$(Sr,Ba)Nb_2O_6$、$PbNb_2O_6$ 和 PMN-PZT 等压电织构陶瓷的压电常数 d_{33} 可以高达单晶的 60%~80%,这充分说明晶粒定向后的织构陶瓷具有与单晶体比肩的压电性能,同时织构陶瓷的制备还具有类似一般多晶陶瓷制备时间短,成本低的优势,是压电陶瓷发展的重要方向。

压电织构陶瓷的制备方法有很多种,常用的有热锻法和模板法等。热锻法是在高温下通过施加外力使晶粒内部发生位错运动和晶界滑移,从而实现陶瓷晶粒的定向排列。热锻法是发展较早的陶瓷织构化技术,晶粒定向效果明显,但该方法主要适用于铋层状化合物和钨青铜结构铌酸盐等具有较大各向异性的压电陶瓷,对于钙钛矿结构压电陶瓷的适用性较差。同时，热锻法还存在生产规模小、工艺复杂等局限性，使其在压电陶瓷领域的应用受到一定限制。相比于热锻法，模板法工艺简单，适用性强，是当前制备织构陶瓷的主流技术。

模板法制备织构陶瓷的过程如下：首先选取合适的非对称微晶作为模板（籽晶），并在成型过程中采用适当的方法使模板均匀、定向地分布在致密的基体细粉中，然后进行高温热处理，该过程中由于模板与基体颗粒间表面自由能的差异驱动陶瓷晶粒沿模板排列方向取向生长，最终获得织构陶瓷。

模板法主要分为两种，一种是常规模板法（templated grain growth，TGG），另一种是反应模板法（reactive templated grain growth，RTGG）。

图 5.30 为 TGG 与 RTGG 的工艺原理图。

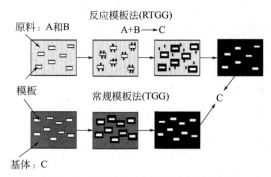

图 5.30 TGG 与 RTGG 工艺原理图

TGG 法是将一定体积分数的微晶模板定向埋入致密的预先合成好的期望目标材料基体（母体）细粉中，热处理时，在界面曲率驱动力的推动下，基质在模板上沿模板方向生长，最终形成预期的织构陶瓷。对于 TGG，热处理过程中仅完成晶粒定向生长过程，试样的体积收缩率一般较小。RTGG 是将一定体积分数的模板定向埋入致密的初始原料混合物中，热处理时，原料间反应生成产物晶相并在定向排列的模板上成核生长，最终形成具有一定晶粒尺寸、晶粒定向排列的织构陶瓷。RTGG 与 TGG 本质上一致，区别在于 RTGG 在热处理过程中同时完成反应烧结与晶粒定向生长过程，因而试样的体积收缩率一般较大。

模板法制备织构陶瓷的关键因素如下：①模板籽晶。对于基体材料而言，模板籽晶应具有稳定的热学和结晶学性质；模板籽晶具有各向异性，模板对称性有利于实现基体晶粒生长的取向诱导功能；模板能够通过简便的合成路线高效合成。②基体粉料。基体粉料应具有高纯、微细和均匀的特性，烧结活性好，并且要注意防止基体粉料中的杂质缺陷对织构陶瓷的影响。③定向成型。在成型过程中模板籽晶要能够按照预定方向，均匀排列在素坯体中，且模板与基体粉料以及基体粉料之间实现紧密接触。

模板法制备织构陶瓷的定向成型方法主要有单向加压、挤压法和流延法，其中流延法技术较为成熟，可重复性好，适宜于工业化规模生产。图 5.31 为织构陶瓷坯体的流延法成型示意图。流延法定向成型原理是利用刮刀产生的剪切力的作用实现模板籽晶在基体浆料中的定向排列。

此外，根据模板与基体在成分和晶体结构上的差异，模板法又可以分为同性模板晶粒生

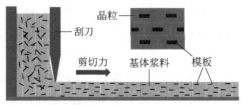

图 5.31　织构陶瓷坯体流延法成型示意图（内插图为织构陶瓷烧结体内部组织结构）

长技术和异性模板晶粒生长技术。同性模板晶粒生长技术采用的模板与基体材料具有相同组成和晶体结构。晶粒的生长方式属于奥斯瓦尔德熟化类型，即大晶粒生长的同时将细小的基体粉料消耗掉。异性模板晶粒生长技术采用的模板与基体材料的组成不同，但是二者晶体结构相同或晶格常数相近。由于晶格匹配，基体相的成核可以发生在模板表面，并以异质外延的方式生长。随着基体晶粒的不断长大，其形貌会逐渐趋于与模板相同，最终形成织构陶瓷。由于异性模板晶粒生长技术对模板的组成没有特定要求，因而相比于同性模板晶粒生长技术，可供选择的模板较多，在织构陶瓷制备中应用更为广泛。

由于晶粒取向的织构陶瓷性能与同组分常规多晶陶瓷相比，有大幅提升，因而织构化目前被认为是提高无铅陶瓷压电性能的一条重要途径。2004 年，日本学者 Saito 等人利用反应模板法（RTGG）成功制备出压电性能可与 PZT 媲美的 KNN 基无铅压电织构陶瓷，取得历史性突破，带动了全球范围内的无铅压电陶瓷研究热潮。

在 Saito 等人的研究中，KNN 基织构陶瓷的制备分两步进行：

① $NaNbO_3$ 片状模板的拓扑合成。

$NaNbO_3$ 属于钙钛矿结构，晶体对称性高，常规方法难以合成片状形貌的微晶。该研究采用熔盐拓扑化学法合成 $NaNbO_3$ 片状模板，技术原理如图 5.32 所示。选取与 $NaNbO_3$ 具有相同 $[NbO_6]$ 八面体基元，且具有二维结晶习性的铋层状结构 $Bi_{2.5}Na_{3.5}Nb_5O_{18}$（BiNN5）微米片为前驱体，将其与 Na_2CO_3 及 NaCl 熔盐混合，并于 950℃ 进行热处理。在 NaCl 熔盐形成的液相环境中（NaCl 熔点：801℃），反应物离子在前驱体晶格中扩散，同时 $[NbO_6]$ 基元在局部范围内拼接重组，伴随副产物 Bi_2O_3 的消除，生成 $NaNbO_3$ 并继承 BiNN5 的片状形貌。

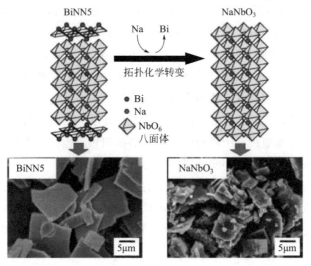

图 5.32　熔盐拓扑化学法合成 $NaNbO_3$ 片状模板原理示意图

② KNN 基织构陶瓷的成型与烧结。

选取流延法将 $NaNbO_3$ 片状模板定向排布于原料混合物中,经叠层后在高温下烧结得到织构陶瓷。以具有最优压电性能的 KNN 基织构陶瓷 $(K_{0.44}Na_{0.52}Li_{0.04})(Nb_{0.84}Ta_{0.10}Sb_{0.06})O_3$ (LF4T) 为例,制备过程如下:将 $NaNbO_3$ 片状模板与原料细粉 $NaNbO_3$、$KNbO_3$、$KTaO_3$、$LiSbO_3$ 和 $NaSbO_3$ 经混料、流延和叠层后,在 1135℃ 完成烧结。图 5.33 为具有相同组成的织构陶瓷 LF4T 与非织构陶瓷 LF4 的断面 SEM 照片和 XRD 图。与非织构陶瓷内部随机排列的晶粒形貌相比,采用 RTGG 法制备的同组成织构陶瓷的内部晶粒呈现出有序的类"砖块堆垛"排列结构,与 [001] 取向度相关的 Lotgering 因子(F 因子)达到 91%。RTGG 法制备的 KNN 基织构陶瓷与其他无铅压电陶瓷以及 PZT 陶瓷的居里温度和室温压电常数 d_{33} 的对比如图 5.34 所示。织构陶瓷 LF4T 的 T_c 为 253℃,室温 d_{33} 高达 416pC/N,可与 PZT4 压电陶瓷性能($T_c=250$℃,$d_{33}=410$pC/N)媲美,显示出在无铅压电器件应用方面的重要价值。

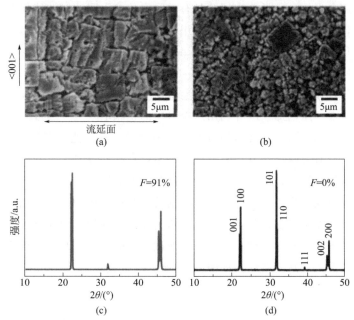

图 5.33　织构陶瓷 LF4T 的 SEM 照片(a)和 XRD 图(c);
非织构陶瓷 LF4 的 SEM 照片(b)和 XRD 图(d)

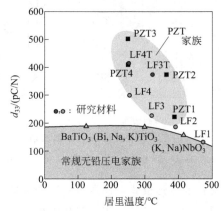

图 5.34　KNN 基织构陶瓷与其他无铅压电体系和 PZT 陶瓷的居里温度与室温 d_{33} 对比

5.5 典型压电器件

作为重要的机电换能材料,压电陶瓷主要用于设计和制造种类繁多的压电器件,广泛应用于电子信息、人工智能、工业制造等诸多领域。本节主要以五类代表性的压电陶瓷器件——压电陶瓷传感器、压电陶瓷致动器、压电陶瓷蜂鸣器、压电能量收集器和压电陶瓷变压器为例,介绍这些压电陶瓷器件的工作原理及对压电材料的性能要求。

5.5.1 压电陶瓷传感器

压电陶瓷传感器是各种控制系统和检测仪表的关键部件,其主要工作原理是正压电效应。由于外力作用产生的电荷只能在回路具有无限大的输入阻抗时才能保存,而实际上不会有这种情况存在,所以压电陶瓷传感器通常用于测量、感知动态或准静态的应力,如用于加速度、压力和振动等各种物理量及其变化的测量。

(1)压电加速度传感器

压电加速度传感器又称压电加速度计,通常由质量块、阻尼器、弹性元件、敏感元件和适调电路等部分组成。压电加速度计利用压电材料的正压电效应,通过测量质量块施加于压电敏感元件上的惯性力,从而实现对加速度的精确测量。与其他类型的加速度传感器相比,压电加速度传感器没有静感度,且固有频率高,不存在受环境温度影响的问题;同时,压电加速度传感器具有结构简单、质量轻、可靠性高和成本低等优点。因而,压电加速度传感器在现代生产生活中已获得广泛应用,如手提电脑的硬盘抗摔保护、数码相机和摄像机的自动聚焦抗振镜头、汽车安全气囊、防抱死系统、牵引控制系统的自动开启等。

根据压电元件的变形模式(伸缩、剪切和弯曲),压电加速度传感器可分为三类,压缩式、剪切式和悬臂梁式,其基本结构如图 5.35 所示。

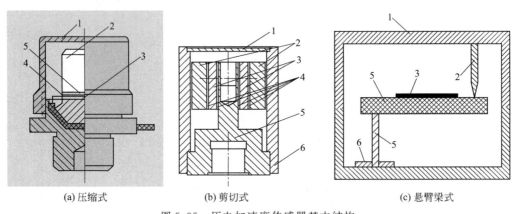

(a) 压缩式   (b) 剪切式   (c) 悬臂梁式

图 5.35 压电加速度传感器基本结构

1—外壳;2—质量块;3—压电陶瓷;4—电极夹层;5—底座;6—紧固件

从原理上讲,不管何种形式的变形模式,使压电陶瓷产生形变的应力来自质量块。压电加速度传感器本质上是一种惯性式测量元件,当质量块在外部振动作用下,由于惯性产生附

加应力 $F=ma$，其中 m 为质量块的质量，a 为质量块相对基底的加速度。该作用力施加于压电陶瓷块上，通过正压电效应产生电势信号。通过检测电势信号，从而获知质量块的加速度及振动的加速度。

（2）压电水声换能器

由于电磁波在水中的衰减速率非常高，无法探测信号的来源，而声波目前是海洋中唯一能够携带信息远距离传输的载体，因此用声波探测水面下的物体成为海洋环境中运用最广泛的技术手段。声呐是一种通过声波收集水中周围环境状态的一种技术，其核心部件是由压电材料构成的换能元件，即水声换能器。水声换能器借助压电效应，将电信号转换成水声信号或将水中的声信号转换成电信号。水声换能器作为电-声转换的一种器件，成为水下探测、识别、通信以及海洋环境监测和资源开发不可缺少的工具。通常在一个声纳系统中，可能包括多个不同功能的水声换能器，如用于接收水声信号的接收换能器和向水中发射特定频率声信号的发射换能器。前者就是人们常说的水听器。如果声纳系统只含有接收换能器，此时声纳不向水环境发射声信号，只检测环境中各种频率的信号，称之为被动式声纳。若含有发射换能器以向水中发射特定频率的声波，并同时有接收换能器以检测回波信号，这类声纳称为主动式声纳。目前，利用压电材料（主要为压电陶瓷）的压电效应制作的压电水声换能器是水听器中最为普遍和常见的。以下介绍压电水听器的基本结构和工作原理。

压电水听器是利用压电材料的正压电效应检测水波振动的。当外部存在一个水的波动，将会对压电材料产生变形，从而产生电信号。压电水听器可以设计成多种不同结构，图 5.36 为一种典型的圆管型水听器结构图，其核心压电元件是一个沿特定方向极化的陶瓷圆管。在压电圆管内部，常填充声反射材料（增强声信号，常见于发射换能器）或吸声材料（减小声反射噪声，常见于水听器）。压电陶瓷通常置于能传播声波的介质中，如充油的外壳或者直接在其外部覆盖透声橡胶。圆管极化分为三类，包括径向极化，沿半径方向极化；纵向极化，沿管壁的长度方向极化；切向极化，沿圆管的圆周方向极化。压电圆管型水听器多用于远低于共振频率的低频段。此时，系统处于弹性控制状态。同时，这种圆管型水听器结构简单，且具有均匀的指向性和较高的灵敏度，被广泛应用于海洋监测和地质勘探等领域，也常用作标准水听器。

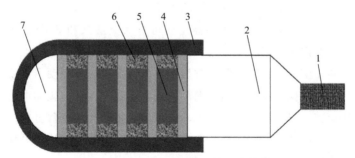

图 5.36　圆管型水听器的基本结构

1—同轴电缆；2—金属套筒；3—橡胶护套；4—背衬/吸声材料；5—压电陶瓷圆管；6—透声橡胶；7—金属端帽

对于一个长度为 l、内径为 a、外径为 b 且极化方向沿径向的圆管型水听器，如图 5.37 所示，解析可得其开路接收电压灵敏度 M 为

$$M = b\left(g_{33}\frac{1-a/b}{1+a/b} + g_{31}\right) \tag{5-12}$$

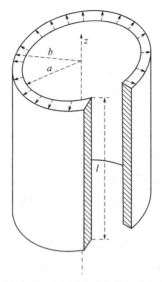

图 5.37 压电圆管几何示意图

由此可见,圆管型水听器的灵敏度主要是由压电陶瓷的压电电压常数 g_{33} 和 g_{31} 以及圆管的几何尺寸决定。

5.5.2 压电陶瓷驱动器

(1) 压电微位移驱动器

压电微位移驱动器是一种新型微位移器件,具有一系列优点,包括无需传动机构,位移控制精度(<0.01μm)高,响应速度(约为10μs)快,无机械吻合间隙,可实现电压随动式位移控制,输出力较大,功耗低,体积小等,且易与电源、测位传感器、计算机等实现闭环自控。压电微位移驱动器在微电子、精密加工、精密测量、机器人、航空航天及生物工程等领域应用广泛,在国民经济中发挥着越来越重要的作用。

从结构形式上分类,压电微位移驱动器主要可分为叠层型和双晶片型,见图5.38。叠层型微位移驱动器的制作多采用流延工艺,具有响应快和发生力大等特点,但位移量小,适用在微位移控制、高发生力源和驱动源等方面。双晶片型微位移驱动器主要由金属板和两块分别贴在金属板两个面上反极性的压电陶瓷片构成。当在厚度方向施加电压时,金属板就发生弯曲位移。相比而言,双晶片型微位移驱动器可以获得较大的位移量。

压电微位移驱动器的基本工作原理是压电陶瓷的逆压电效应。施加电场的瞬间,材料产生可控的应变,应变遵循基本的逆压电方程

$$S = dE \tag{5-13}$$

式中,S 为应变;E 为电场强度。在经过极化的压电陶瓷中,实际上电场对应变存在着三种贡献:a. P_s 或 P_r 随 E 在弹性限度内的变化,引起的 E 对 S 线性变化的贡献;b. 随 E 变化产生了畴转向对 S 的贡献;c. 随着 E 的增大,产生电致伸缩现象,应变 S 与电场 E 呈

非线性关系。若压电陶瓷中只存在第 1 种贡献，则微位移随电场变化完全呈线性、无滞后、完全回零。但实际上在压电陶瓷中第 2 和第 3 两种贡献不可避免地或多或少地总与第 1 种贡献同时存在。要得到 S-E 线性、回零特性好的微位移器件，应选择矫顽场强 E_c 较高的压电陶瓷材料，这样才可尽量减小畴转向对位移的影响。

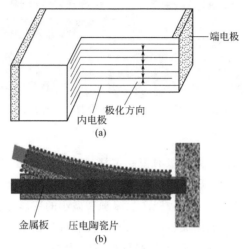

图 5.38　压电微位移驱动器的两种基本结构
(a) 叠层型；(b) 双晶片型

由于压电微位移驱动器是用于位移控制和动力源的器件，所用压电陶瓷材料必须能在较小的电场下产生大的应变和应力，且电能转换成机械能的效率要高，所以通常采用压电常数大的压电陶瓷材料。另一方面，因应变量大，对陶瓷的绝缘强度和机械强度的要求也高。除了压电陶瓷，一类新型铁电陶瓷——弛豫铁电陶瓷，也常用于微位移驱动器的制造。弛豫铁电陶瓷的位移 S 与电场 E 成二次方关系，即 $S=QE^2$，其中 Q 为电致伸缩系数。与压电陶瓷相比，弛豫铁电陶瓷具有无须极化处理、相对应变量大、回零好等优点，已在某些微位移驱动器制造中取代了压电陶瓷。但这类材料在用于微位移驱动器时，需要在直流偏场工作才能获得较大的应变和较好的 S-E 线性。而实际上，直流偏场往往会诱导宏畴形成和自发极化，使器件出现不归零的现象。因此，在微位移器的应用方面，压电陶瓷和弛豫铁电陶瓷各有所长，正在相互竞争、相互补充地发展着。

压电微位移驱动器的应用案例之一是日本爱普生公司提出的微压电喷墨打印技术。微压电打印头结构及工作原理如图 5.39 所示。

微压电打印头的关键部件是由压电元件与振动金属板组合而成的驱动器。接通电路后，伸缩振动的压电元件推动振动金属板，对墨水挤压产生喷射。该过程无须加热，能够精准控制墨滴大小和喷射方向，从而实现高质量，高精度的打印。与传统的热发泡喷墨技术相比，微压电喷墨打印技术具有五项技术优势，包括无须加热，因而可用多样性墨水；打印头出色的耐久性；高质量多层次的成像质量；高速打印以及远低于激光打印的极低能耗。目前，微压电喷墨打印技术已在家用、商业、专业、生产和工业印刷等领域获得重要应用。

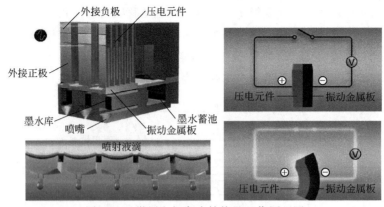

图 5.39 微压电打印头结构及工作原理图

(2) 压电马达

压电微位移驱动器可以产生微米级的精确位移，其精度可达 10nm。但对于要求大位移量（毫米级以上）的精密定位，压电微位移驱动器就表现出局限性。压电马达利用压电陶瓷的逆压电效应，在交变电场作用下，陶瓷产生振动和微小的变形，将电能转换成旋转或移动的机械输出等运动形式，从而实现大行程的精密定位和位移输出。

与传统的电磁马达相比，压电马达具有低速下大力矩输出、响应快、控制性好、可步进、伺服控制，容易同计算机连接，实现智能化和机电一体化，无电磁干扰和抗磁干扰等特点；用于步进驱动可获得纳米量级的精度；用于微型化还可以获得小于毫米的精度；用于微型机器人驱动又具有低速下力矩大的优点。因此，压电马达已在光电子、航空航天、机械制造、机器人、仪器仪表和家用电器等诸多技术领域得到广泛的应用，代表性应用有照相机镜头的自动对焦、机器人的关节驱动、电子显微镜中的样品台驱动等。

压电马达的结构形式很多，但工作原理基本相同，都是利用压电体在电压作用下发生振动，驱动运动件旋转或直线运动。根据位移输出方式，压电马达可分为旋转运动型和直线运动型。图 5.40 是两种运动输出模式不同的压电马达的实物图。

图 5.40 两种运动输出模式不同的压电马达
(a) 旋转运动型；(b) 直线运动型

通常，压电马达要通过各种振动模式的转换与复合，才能将压电体的简单伸缩模式转变成需要的可用来产生旋转或直线运动的驱动模式。以旋转运动型压电马达为例，图 5.41 是其结构示意图，其中，关键材料为压电陶瓷和摩擦材料。压电陶瓷片是压电马达的超声振动发生器件和传感反馈器件，它与弹性体（多为金属部件）结合，构成压电马达中的定子。而摩擦衬垫是压电马达输出力矩的传播介质，通常附着在输出运动的部件上，组合成转子。在交变电场下，压电陶瓷片产生伸缩变形，在弹性体中激发超声振动，并通过弹性体与摩擦材料之间的摩擦力，推动转子的运动。压电陶瓷材料和摩擦材料的性质都直接关系到马达的输出特性。

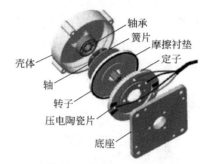

图 5.41　旋转运动型压电马达结构示意图

用于压电马达的压电陶瓷，其主要作用在于通过自身的变形激发弹性体的振动。因此，对其性能要求如下：

① 高机械强度，以适应大功率和大应变的需求，否则易发生断裂；
② 高压电常数，实现低电压驱动和大输出力矩；
③ 高机电耦合系数，提高能量转换效率；
④ 低介质损耗和高机械品质因数，降低振子发热，提高压电马达的工作可靠性。

实际上，目前还很难有一种压电陶瓷材料能同时满足以上所有性能要求。在实际使用中，需要根据不同的应用场合和压电马达器件的要求来选择压电材料。在强调能耗的应用场合，多采用硬性压电陶瓷，而在需要较低电压、宽频带、高转速的场合，采用软性压电陶瓷更合适。当工作环境为高温时，居里温度将成为一个重要指标，高居里温度，特别是高退极化温度能够确保压电马达在高温区不出现性能劣化。

5.5.3　压电陶瓷蜂鸣器

压电陶瓷蜂鸣器是一种电声换能器件，通常呈圆形，见图5.42，主要组成部件包括压电蜂鸣片、引线和共鸣腔等。

图 5.42　压电陶瓷蜂鸣器实物

压电陶瓷蜂鸣器的核心部件是压电蜂鸣片，由压电陶瓷薄片和与其粘贴的弹性振动板（多为金属）构成。图5.43为压电蜂鸣片的实物照片与在电场作用下蜂鸣片正反方向振动的示意图。工作时，当在压电材料两端施加一个电压后，因为逆压电效应，弹性振动板变形产生机械振动，从而发出声音。但是，由于与空气的声阻抗不匹配，单独的压电蜂鸣片不能获得高的声压，因而，需要给压电蜂鸣片匹配共振腔，利用共振腔的共振效应提高声压。此外，压电蜂鸣片的电场激励方式可分为自激模式与外激模式两种。在自激模式下，蜂鸣片于其共振频率附近工作，此时，搭配一个正回授振荡电路会产生一个与共振腔频率相同的单音。在外激模式下，体系的阻抗大，需要由外部激励电源进行激发，其振动频率由外部激励信号决定，从而获得不同频率的声音。

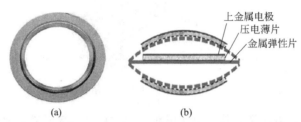

图 5.43　压电蜂鸣片实物（a）和在电场作用下蜂鸣片正反方向振动示意图（b）

压电陶瓷蜂鸣器具有无射频噪声、低功耗、体积小、灵敏度高、可靠性好，成本低廉等特点，因此广泛应用于各种电器产品的报警、发声等，如音乐贺卡、电子手表、袖珍计算器、电子门铃和电子玩具等小型电子产品的发声器件。同时，压电蜂鸣片也是各种电声器件，如耳机、扬声器等的基础，在各种通信器件中具有广泛的应用。

5.5.4　压电能量收集器

随着传统化石能源的日益枯竭，社会经济的可持续发展迫切需要安全可靠的新能源技术。压电能量收集器又称为压电俘能器，是基于压电材料的正压电效应实现清洁发电的新能源器件。在人类生活和生产的环境中存在或强或弱的振动源，如工厂内各种机器运转时产生的振动、城市道路中车辆运行时引起的振动、各种生物体运动时产生的振动等等。将环境中废弃的振动能回收，使其转化为可利用的电能，具有重要的应用价值和社会意义。如图 5.44 所示，振动能-电能的转换方式主要有 3 种，静电转换、磁电转换和压电转换，其中以压电材料为核心的压电能量收集器不仅能量密度高，还具有结构简单、无电磁干扰、易于

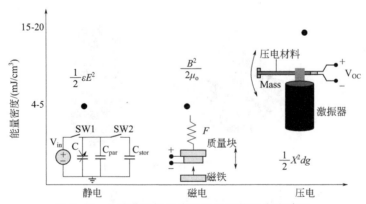

图 5.44　几种典型振动能量收集器能量密度对比

小型化、集成化等诸多优点。近年来，随着物联网及微电子技术的快速发展，对无线传感器等微电子器件的自供电能力提出迫切需求。例如在野生动物的 GPS 追踪定位、飞行器结构件安全监控、大型桥梁和高层建筑结构状态的无线监控等诸多应用领域，现有化学电池有限的供电时间以及传统复杂的布线方式的局限性，带来了应用方面的诸多问题。具有实时、持续乃至永久性供电特点的压电能量收集器，已经成为电子信息领域迫切需要发展的新能源技术。

常见的压电能量收集器的发电单元是采用弯曲振动模式（31 模式）的压电双晶片或单晶片悬臂梁结构，如图 5.45 所示，除此之外，根据需要也可以采用 33 模式或剪切振动模式等设计结构。对于实际应用而言，除压电发电单元外，压电能量收集器还包括电源管理单元和负载单元两部分。图 5.46 为压电能量收集器工作原理图（以悬臂梁型压电能量收集器为例）。在工作时，悬臂梁结构将环境中存在的随机、无序的机械振动能转换成周期性振荡的机械能；基于正压电效应，压电材料将周期性振荡的机械能进一步转换为电能；转换所得电能再经过全波整流、DC/DC 转换以及能量存储转变为可直接利用的电能，供后续电子器件（如微型传感器和致动器等）使用。

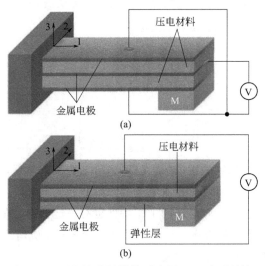

图 5.45　压电悬臂梁结构示意图（M 为质量块）
（a）双晶片；（b）单晶片

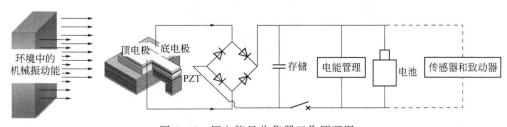

图 5.46　压电能量收集器工作原理图

对于压电能量收集器，可以通过多种技术途径提高发电性能，包括制备高机电转换性能的压电材料、设计多层化结构的压电器件、改变压电振子构型以及调节系统谐振频率等等。从材料角度出发，压电材料的机电转换性能是影响能量收集效率的关键因素之一。目前，常用的压电材料可以分为3类，第1类是压电单晶，这类材料的电性能优异，但是制备成本高、工艺复杂、可加工性差；第2类是压电聚合物，以聚偏氟乙烯为代表，这类材料具有材质柔韧、加工性好、压电电压常数高等优点，不足之处是压电电荷常数偏低且高温下性能劣化严重；第3类是压电陶瓷，与压电单晶和压电聚合物相比，压电陶瓷在材料的电学性能、温度稳定性、可加工性与制备成本方面具有综合优势。目前，压电能量收集陶瓷的研发主要集中在通过体系组元设计与掺杂改性提高其机电转换性能。

根据应用环境的差异，压电能量收集器的工作状态可分为非谐振和谐振两种情况

（1）非谐振状态

在远低于谐振频率的低频下，压电陶瓷的能量密度（u）与换能系数（dg）之间存在如下关系：

$$u = \frac{1}{2} dg \left(\frac{F}{A}\right)^2 \tag{5-14}$$

式中，d 为压电电荷常数；g 为压电电压常数；F 为所受外力；A 为受力面积。

又因为

$$g = \frac{d}{\varepsilon_0 \varepsilon^X} \tag{5-15}$$

式中，ε_0 为真空介电常数；ε^X 为应力作用下的介电常数。

以上两式合并可得

$$u = \frac{1}{2} \times \frac{d^2}{\varepsilon_0 \varepsilon^X} \times \left(\frac{F}{A}\right)^2 \tag{5-16}$$

该式表明，将电极面积固定的压电陶瓷应用到压电能量收集器，高 dg 值有利于获得高能量密度，即压电陶瓷需要同时具备高压电电荷常数和低介电常数。

此外，电学阻尼对压电能量收集器的工作特性也有一定影响，在评价能量收集用压电陶瓷时，介质损耗（$\tan\delta$）必须被考虑。因此，对于非谐振状态应用的压电能量收集用压电陶瓷，其品质因数（FOM_{off}）可以用下式表示：

$$\text{FOM}_{\text{off}} = \frac{dg}{\tan\delta} \tag{5-17}$$

（2）谐振状态

谐振状态下，压电陶瓷的能量转换效率可以表达为下式：

$$\eta = \frac{\frac{1}{2} \times \frac{k^2}{1-k^2}}{\frac{1}{Q_\text{m}} + \frac{1}{2} \times \frac{k^2}{1-k^2}} \tag{5-18}$$

式中，k 为压电陶瓷的机电耦合系数；Q_m 为机械品质因数。因此，压电陶瓷在谐振状态下要获得高的能量转换效率，需要有大的 k 和 Q_m。

此外，考虑到弹性柔顺常数 s^E 的影响，谐振状态下压电能量收集用压电陶瓷的品质因数（FOM_{on}）定义为

$$\mathrm{FOM_{on}} = \frac{k^2 Q_\mathrm{m}}{s^E} \tag{5-19}$$

美国学者 Shashank Priya 根据以上谐振和非谐振状态下的品质因数计算公式，进一步得出评价压电能量收集用压电陶瓷性能的无量纲品质因数（DFOM），其关系式为

$$\mathrm{DFOM} = \left(\frac{dg}{\tan\delta}\right)_\mathrm{off} \times \left(\frac{k^2 Q_\mathrm{m}}{s^E}\right)_\mathrm{on} \tag{5-20}$$

在过去的 10 多年里，压电能量收集器的应用受到越来越多的关注，一些高品质的压电能量收集用压电陶瓷不断被开发出来并进行器件验证与商业应用。图 5.47 为美国米德科技公司（MIDE）推出的商业化悬臂梁型压电能量收集器，其输出电压为 16.2V，输出功率为 16.2mW，能够满足一些常规微电子器件的自供能需求。

图 5.47　商业化悬臂梁型压电能量收集器

特别需要关注的是，微型电子器件的低功率化是促进这一领域快速发展的重要动力源。在无线传感器网络建设中，将压电能量收集器与无线传感器模块进行集成，构建可持续自供电的微传感器系统，不仅降低了由于周期性更换电池带来的高维护费用，而且有效减少了传统电池废弃造成的环境污染。例如，日本 TDK 公司已开发出车用轮胎内独立压电能量收集供电传感系统（in wheel sense），在供电困难的轮胎内实现无电池感测。该系统的结构如图 5.48 所示，小尺寸的压电能量收集模块（EH 模块）安装在轮胎和轮毂间隙，利用轮胎旋转时承载的重量变化产生电能，从而实现监测车辆运行状况的微传感器的自供能及数据的无线传输，提升汽车驾驶的安全性与舒适性。

5.5.5　压电陶瓷变压器

变压器是电力与电子信息装备领域的重要器件。基于压电效应原理实现变压作用的压电陶瓷变压器早在 20 世纪 50 年代就已开始研制，美国的 Rosen 等人最先提出 Rosen 型压电陶瓷变压器。但是早期使用的 $BaTiO_3$ 转换效率很低，实际应用价值不大。随着 PZT 基压电陶瓷的出现和掺杂改性技术的应用，压电陶瓷的电学性能大幅提升，压电陶瓷变压器的研制与实用化取得显著进展。与传统线绕式电磁变压器相比，压电陶瓷变压器具有升压比大、转换效率高、输出波形好、耐高压高温与短路烧毁、耐潮湿、抗电磁干扰、节约有色金属且体积小、重量轻等诸多优点，特别满足于电子元器件设计制造的片式化、多层化与集成化的要

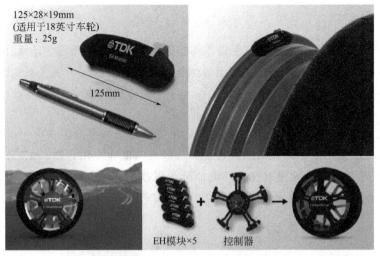

图 5.48 商业化汽车轮胎内独立压电能量收集供电传感系统结构图

求。目前,压电陶瓷变压器已经形成系列化商业产品,广泛应用于笔记本电脑、数码相机、掌上电脑、移动电话、传真机、复印机、空调、雷达等诸多电子信息类产品中,且随着电子产品向智能化、小型化、办公自动化和节能趋势的发展,压电陶瓷变压器的应用领域还将进一步扩大。

压电陶瓷变压器可以根据升压或降压等不同应用需求设计成多种结构类型。经典的 Rosen 型压电陶瓷变压器的设计结构与工作原理如图 5.49 所示。

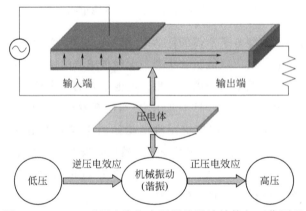

图 5.49 Rosen 型压电陶瓷变压器的设计结构与工作原理

Rosen 型压电陶瓷变压器实际是压电陶瓷驱动器与压电陶瓷传感器的组合,工作原理是基于压电陶瓷特有的正、逆压电效应,通过机电能量的二次转换(电能→机械能→电能),利用阻抗变换实现谐振频率上的高压输出。从结构上看,Rosen 型压电陶瓷变压器的左半部分为输入端(驱动单元),上下两面烧渗有电极,沿厚度方向极化;右半部分为输出端(发电单元),右端面烧渗有电极,沿长度方向极化。压电陶瓷变压器工作时,在输入端施加与压电陶瓷谐振频率一致的正弦交变电压,通过逆压电效应,陶瓷片会产生沿长度方向的伸缩振动,将输入的电能转换为机械能;而输出端则通过正压电效应,将沿长度方向伸缩振动的机械能转换为电能，从而输出连续的正弦波电压。由于压电陶瓷变压器的长度大于厚度，故输出端阻抗大于输入端阻抗，因而输出端电压大于输入端电压，从而实现升压功能。一般输入几伏到几十伏的交变电压，可以获得几千伏以上的高压输出。对于 Rosen 型压电陶瓷变压器，由于压电片的振动方向与驱动电压方向垂直，因此也被称作为横向压电变压器。

Rosen 型压电陶瓷变压器在谐振状态下工作，其半波谐振态与全波谐振态的质点位移与应力分布情况如图 5.50 所示。为确保工作可靠性，固定 Rosen 型压电陶瓷变压器时，夹持位置（支点）必须选择在位移为零处。半波谐振态时，压电陶瓷片的中间位置位移为零（节点），应力最大，安装时应选择此处为支点夹持器件；全波谐振态时，压电陶瓷片两端和正中位置位移最大，应力为零，而在距离两端 1/4 处的位置位移为零（节点），应力最大，安装时应选择这两处为支点夹持器件。为了消除 Rosen 型压电陶瓷变压器工作时压电片的厚度振动和宽度振动对长度伸缩振动的影响，必须使压电片的长度远大于宽度和厚度。

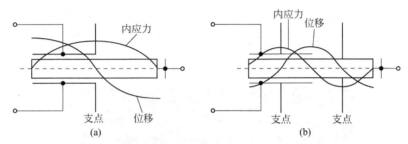

图 5.50　Rosen 型压电陶瓷变压器在谐振状态时的质点位移与应力分布
（a）半波谐振状态；（b）全波谐振状态

谐振状态下工作的 Rosen 型压电陶瓷变压器在空载时的升压比（A_∞）为

$$A_\infty \approx \frac{4}{\pi^2} Q_m k_{31} k_{33} \frac{l}{t} \tag{5-21}$$

最大效率（η_m）为

$$\eta_m = \frac{1}{1+(\pi^2/2k_{33}^2 Q_m)} \tag{5-22}$$

式中，Q_m 为压电陶瓷的机械品质因数；k_{31}、k_{33} 为机电耦合系数；l 为压电陶瓷变压器发电部分的长度；t 为压电陶瓷变压器的厚度。

由以上关系式可见，要得到高升压比和高效率的压电陶瓷变压器，需要选择机电耦合系数（k_{31}、k_{33}）和机械品质因数（Q_m）均高的压电陶瓷材料。同时，电学品质因数 Q_e（$\tan\delta$ 的倒数）要大，以减小介质损耗引起的器件发热。此外，压电陶瓷材料的谐振频率温度稳定性要好，机械强度也要高，以承受工作时的强振动影响。

根据以上关系式还可以看到，在陶瓷材料压电特性不变的情况下，Rosen 型压电陶瓷变压器的升压比随着 l/t 的增加而增大，因而借鉴多层陶瓷电容器（MLCC）的独特设计方案，将压电陶瓷变压器也设计成多层结构，如图 5.51 所示，其升压比和输出功率可以大幅提升，同时驱动电压显著降低，这有利于满足超薄型电源的组装需求。

多层压电陶瓷变压器的重要应用之一是驱动液晶显示器用冷阴极荧光灯（cold cathode fluorescent lamp, CCFL）。冷阴极荧光灯的工作特性非常适合于压电陶瓷变压器，即输出阻

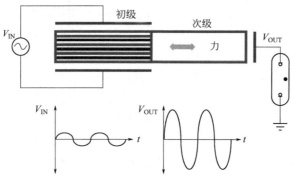

图 5.51　多层压电陶瓷变压器结构与工作示意图

抗高、输出电流小、输出电压随阻抗变化大等。图 5.52 为多层压电陶瓷变压器背光电源驱动冷阴极荧光灯实物照片。压电陶瓷变压器在应用时要匹配设计合理的控制电路，特别是需要一个与压电陶瓷变压器谐振频率同步，与压电片的输入阻抗匹配的交流电源来激励压电陶瓷变压器稳定工作。目前，多层压电陶瓷变压器不仅应用于彩色液晶显示器的背光电源，也广泛应用于复印机、传真机、图像扫描仪等多种电子信息产品的高压电源。

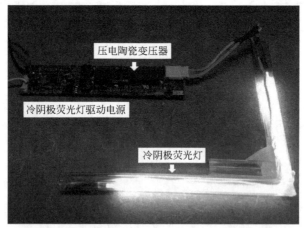

图 5.52　多层压电陶瓷变压器背光电源驱动冷阴极荧光灯实物照片

习题

1. 从晶体结构角度分析石英与钛酸钡压电效应的产生机制。
2. 分析介电体、压电体、热释电体与铁电体之间的关系。
3. 解释表征压电振子性能物理参数的含义：压电常数、机电耦合系数、机械品质因数。
4. 简述 PZT 压电陶瓷的准同型相界结构及其与电性能的关系。
5. 压电陶瓷制备过程中为什么要进行人工极化及其影响因素有哪些？
6. 压电陶瓷为什么会出现老化现象？如何控制压电陶瓷的老化速率？
7. 简述研究无铅压电陶瓷的意义并列举两类代表性的材料体系。

8. 掺杂是压电陶瓷改性的常用方法，请解释软性掺杂与硬性掺杂机制。
9. 作为压电材料，陶瓷与单晶各有何优缺点？
10. 简述研究压电织构陶瓷的意义及模板法制备技术原理。
11. 简述 Rosen 型压电陶瓷变压器的工作原理。
12. 通过资料调研，列举汽车中已用到的压电器件类型并给出其工作原理。

参考文献

[1] Jaffe B, Cook W, Jaffe H. Piezoelectric Ceramics. Academic, NY, 1971.

[2] 侯育冬, 郑木鹏. 压电陶瓷掺杂调控. 北京：科学出版社, 2018.

[3] 侯育冬, 朱满康. 电子陶瓷化学法构建与物性分析. 北京：冶金工业出版社, 2018.

[4] 张福学, 王丽坤. 现代压电学（上册）. 北京：科学出版社, 2001.

[5] 张福学, 王丽坤. 现代压电学（中册）. 北京：科学出版社, 2002.

[6] 张福学, 王丽坤. 现代压电学（下册）. 北京：科学出版社, 2002.

[7] 王春雷, 李吉超, 赵明磊. 压电铁电物理. 北京：科学出版社, 2009.

[8] 关振铎, 张中太, 焦金生. 无机材料物理性能. 2版. 北京：清华大学出版社, 2011.

[9] Uchino Kenji. Advanced piezoelectric materials science and technology (Second edition). Woodhead Publishing, 2017.

[10] Hou Y D, Zhu M K, Gao F, Wang H, Wang B, Yan H, Tian C S. Effect of MnO_2 addition on the structure and electrical properties of $Pb(Zn_{1/3}Nb_{2/3})_{0.20}(Zr_{0.50}Ti_{0.50})_{0.80}O_3$ ceramics. J. Am. Ceram. Soc., 2004, **87**: 847-850.

[11] Li J F, Wang K, Zhu F Y, Cheng L Q, Yao F Z. (K, Na)NbO_3-based lead-free piezoceramics: fundamental aspects, processing technologies, and remaining challenges. J. Am. Ceram. Soc., 2012, **96**: 3677-3696.

[12] Wu J G, Xiao D Q, Zhu J G. Potassium-sodium niobate lead-free piezoelectric materials: past, present, and future of phase boundaries. Chem. Rev., 2015, **115**: 2559-2595.

[13] Jaeger R E, Egerton L. Hot pressing of potassium-sodium niobates. J. Am. Ceram. Soc., 1962, **45**: 209-221.

[14] Zhang S J, Xia R, Shrout T R. Lead-free piezoelectric ceramics vs. PZT? J. Electroceram., 2007, **19**: 251-257.

[15] Liu W, Ren X B. Large piezoelectric effect in Pb-free ceramics. Phys. Rev. Lett., 2009, **103**: 257-602.

[16] Keeble D S, Benabdallah F, Thomas P A, Maglione M, Kreisel J. Revised structural phase diagram of $(Ba_{0.7}Ca_{0.3}TiO_3)$-$(BaZr_{0.2}Ti_{0.8}O_3)$. Appl. Phys. Lett., 2013, **102**: 92-903.

[17] Yan X D, Zheng M P, Gao X, Zhu M K, Hou Y D. High-performance lead-free ferroelectric BZT-BCT and its application in energy fields. J. Mater. Chem. C, 2020, **8**: 13530-13556.

[18] Zhao H Y, Hou Y D, Zheng M P, Yu X L, Yan X D, Li L, Zhu M K. Revealing the origin of thermal depolarization in piezoceramics by combined multiple *in-situ* techniques. *Mater. Lett.*, 2019, **236**: 633-636.

[19] 李飞, 张树君, 李振荣, 徐卓. 弛豫铁电单晶的研究进展: 压电效应的起源研究. 物理学进展, 2012, **32** (4): 178-198.

[20] 伍萌佳, 杨群保, 李永祥. 织构化工艺在无铅压电陶瓷中的应用. 无机材料学报, 2007, **22** (6): 1025-1031.

[21] Saito Y, Takao H, Tani T, Nonoyama T, Takatori K, Homma T, Nagaya T, Nakamura M. Lead-free piezoceramics. Nature, 2004, **432**: 84-87.

[22] Priya S. Advances in energy harvesting using low profile piezoelectric transducers. J Electroceram., 2007, **19**: 165-182.

[23] Priya S. Criterion for material selection in design of bulk piezoelectric energy harvesters. IEEE T Ultrason Ferr., 2010, **57**: 2610-2612.

[24] 郑木鹏, 侯育冬, 朱满康, 严辉. 能量收集用压电陶瓷材料研究进展. 硅酸盐学报, 2016, **44** (3): 359-366.

[25] 侯育冬, 高峰, 朱满康, 王波, 田长生, 严辉. 压电变压器用陶瓷材料的成分设计. 电子元件与材料, 2003, **22** (11): 16-20.